2018 版安徽省建设工程计价依据

安徽省建设工程工程量清单计价办法

（市政工程）

主编部门：安徽省建设工程造价管理总站

批准部门：安 徽 省 住 房 和 城 乡 建 设 厅

施行日期：2 0 1 8 年 1 月 1 日

中国建材工业出版社

图书在版编目（CIP）数据

安徽省建设工程工程量清单计价办法．市政工程/安徽省建设工程造价管理总站编．--北京：中国建材工业出版社，2018.1（2018.1重印）
（2018 版安徽省建设工程计价依据）
ISBN 978-7-5160-2084-5

Ⅰ.①安… Ⅱ.①安… Ⅲ.①市政工程—工程造价—安徽 Ⅳ.①TU723.3

中国版本图书馆 CIP 数据核字（2017）第 264850 号

安徽省建设工程工程量清单计价办法（市政工程）
安徽省建设工程造价管理总站　编

出版发行：中国建材工业出版社
地　　址：北京市海淀区三里河路 1 号
邮　　编：100044
经　　销：全国各地新华书店
印　　刷：北京鑫正大印刷有限公司
开　　本：787mm×1092mm　1/16
印　　张：6.25
字　　数：140 千字
版　　次：2018 年 1 月第 1 版
印　　次：2018 年 1 月第 2 次
定　　价：78.00 元

本社网址：www.jccbs.com　　微信公众号：zgjcgycbs
本书如出现印装质量问题，由我社市场营销部负责调换。联系电话：（010）88386906

安徽省住房和城乡建设厅发布

建标〔2017〕191 号

安徽省住房和城乡建设厅关于发布 2018 版安徽省建设工程计价依据的通知

各市住房城乡建设委（城乡建设委、城乡规划建设委），广德、宿松县住房城乡建设委（局），省直有关单位：

为适应安徽省建筑市场发展需要，规范建设工程造价计价行为，合理确定工程造价，根据国家有关规范、标准，结合我省实际，我厅组织编制了 2018 版安徽省建设工程计价依据（以下简称 2018 版计价依据），现予以发布，并将有关事项通知如下：

一、2018 版计价依据包括：《安徽省建设工程工程量清单计价办法》《安徽省建设工程费用定额》《安徽省建设工程施工机械台班费用编制规则》《安徽省建设工程计价定额（共用册）》《安徽省建筑工程计价定额》《安徽省装饰装修工程计价定额》《安徽省安装工程计价定额》《安徽省市政工程计价定额》《安徽省园林绿化工程计价定额》《安徽省仿古建筑工程计价定额》。

二、2018 版计价依据自 2018 年 1 月 1 日起施行。凡 2018 年 1 月 1 日前已签订施工合同的工程，其计价依据仍按原合同执行。

三、原省建设厅建定〔2005〕101 号、建定〔2005〕102 号、建定〔2008〕259 号文件发布的计价依据，自 2018 年 1 月 1 日起同时废止。

四、2018 版计价依据由安徽省建设工程造价管理总站负责管理与解释。在执行过程中，如有问题和意见，请及时向安徽省建设工程造价管理总站反馈。

安徽省住房和城乡建设厅

2017 年 9 月 26 日

编制委员会

主　　任　宋直刚

成　　员　王晓魁　王胜波　王成球　杨　博

　　　　　江　冰　李　萍　史劲松

主　　审　王成球

主　　编　李　萍

副 主 编　孙荣芳　姜　峰

参　　编（排名不分先后）

　　　　　王　瑞　仇圣光　陈昭言　赵维树

　　　　　王　瑾　柳向东　李永红　陈　兵

　　　　　徐　刚　卫先芳　王　丽　盛仲方

　　　　　程向荣　魏丽丽　强　祥　罗　庄

参　　审　黄　峰　何朝霞　张正金　潘兴琳

　　　　　赵维树　朱建华

目　　录

建设工程工程量清单计价办法

一　总　　则

1. 为规范我省建设工程工程量清单计价行为，统一建设工程工程量清单计价文件的编制原则和计价方法，根据国家标准《建设工程工程量清单计价规范》及其有关工程量计算规范、《建筑工程施工发包与承包计价管理办法》、《安徽省建设工程造价管理条例》等法律法规及有关规定，结合本省实际情况，制定本办法。

2. 本办法适用于本省行政区域内新建、扩建、改建等建设工程发承包及实施阶段的工程量清单计价活动。

3. 本办法所称的建设工程包括：建筑工程、装饰装修工程、安装工程、市政工程、园林绿化工程、仿古建筑工程等。

4. 本办法是我省建设工程计价依据的组成部分，建设工程工程量清单计价活动，除应遵守本办法外，还应符合国家、本省现行有关法律法规和标准的规定。

二　建设工程造价费用构成

建设工程造价由分部分项工程费、措施项目费、不可竞争费、其他项目费和税金构成。

一、分部分项工程费

分部分项工程费是指各专业工程的分部分项工程应予列出的各项费用，人工费、材料费、机械费和综合费构成。

1. 人工费：是指支付给从事建设工程施工的生产工人和附属生产单位工人的各项费用。包括：工资、奖金、津贴补贴、职工福利费、劳动保护费、社会保险费、住房公积金、工会经费和职工教育经费。

（1）工资：指按计时工资标准和工作时间支付给个人的劳动报酬，或对已做工作按计件单价支付的劳动报酬。

（2）奖金：是指对超额劳动和增收节支支付给个人的劳动报酬。

（3）津贴补贴：是指为了补偿职工特殊或额外的劳动消耗和因其他特殊原因支付给个人的津贴，以及为了保证职工工资水平不受物价影响支付给个人的物价补贴。

（4）职工福利费：是指企业按工资一定比例提取出来的专门用于职工医疗、补助以及其他福利事业的经费。包括发放给职工或为职工支付的各项现金补贴和非货币性集体福利。

（5）劳动保护费：是企业按规定发放的劳动保护用品的支出。如工作服、手套、防暑降温饮料以及在有碍身体健康的环境中施工的保健费用等。

（6）社会保险费：在社会保险基金的筹集过程当中，职工和企业（用人单位）按照规定的数额和期限向社会保险管理机构缴纳费用，它是社会保险基金的最主要来源。包括养老保险费、医疗保险费、失业保险费、工伤保险费、生育保险费。

① 养老保险费：是指企业按照规定标准为职工缴纳的基本养老保险费。

② 医疗保险费：是指企业按照规定标准为职工缴纳的基本医疗保险费。

③ 失业保险费：是指企业按照规定标准为职工缴纳的失业保险费。

④ 工伤保险费：是指企业按照规定标准为职工缴纳的工伤保险费。

⑤ 生育保险费：是指企业按照规定标准为职工缴纳的生育保险费。

（7）住房公积金：是指企业按规定标准为职工缴纳的住房公积金。

（8）工会经费：是指企业按《工会法》规定的全部职工工资总额比例计提的工会经费。

（9）职工教育经费：是指按职工工资总额的规定比例计提，企业为职工进行专业技术和职业技能培训，专业技术人员继续教育、职工职业技能鉴定、职业资格认定、农民工现场安全和素质教育，以及根据需要对职工进行各类文化教育所发生的费用。

2. 材料费：是指施工过程中耗费的原材料、辅助材料、构配件、零件、半成品或成品、工程设备的费用。内容包括：

（1）材料原价：是指材料、工程设备的出厂价格或商家供应价格。

（2）运杂费：是指材料、工程设备自来源地运至工地仓库或指定堆放地点所发生的全部费用。

（3）运输损耗费：是指材料在运输装卸过程中不可避免的损耗。

（4）采购及保管费：是指为组织采购、供应和保管材料、工程设备的过程中所需要的各项费用。包括采购费、仓储费、工地保管费、仓储损耗。

3. 机械费：是指施工作业所发生的施工机械、仪器仪表使用费或其租赁费。

（1）施工机械使用费：以施工机械台班消耗量乘以施工机械台班单价表示，施工机械台班单价应由下列七项费用组成：

① 折旧费：是指施工机械在规定的耐用总台班内，陆续收回其原值的费用。

② 检修费：是指施工机械在规定的耐用总台班内，按规定的检修间隔进行必要的检修，以恢复其正常功能所需的费用。

③ 维护费：是指施工机械在规定的耐用总台班内，按规定的维护间隔进行各级维护和临时故障排除所需的费用。保障机械正常运转所需替换设备与随机配备工具附具的摊销费用、机械运转及日常维护所需润滑与擦拭的材料费用及机械停滞期间的维护费用等。

④ 安拆费及场外运费：安拆费是指施工机械在现场进行安装与拆卸所需的人工、材料、机械和试转费用以及机械辅助设施的折旧、搭设、拆除等费用；场外运费是指施工机械整体或分体自停放地点运至施工现场或由一施工地点运至另一施工地点的运输、装卸、辅助材料等费用。

⑤ 人工费：是指施工机械机上司机（司炉）和其他操作人员的人工费。

⑥ 燃料动力费：是指施工机械在运转作业中所消耗的各种燃料及水、电等费用。

⑦ 其他费用：是指施工机械按照国家规定应缴纳的车船税、保险费及检测费等。

（2）仪器仪表使用费：是指工程施工所需使用的仪器仪表的摊销及维修费用。

4. 综合费

综合费是由企业管理费、利润构成。

（1）企业管理费：是指建设工程施工企业组织施工生产和经营管理所需的费用，内容包括：

① 管理人员工资：是指按规定支付给管理人员的工资、奖金、津贴补贴、职工福利费、劳动保护费、社会保险费、住房公积金、工会经费和职工教育经费。

② 办公费：是指企业管理办公用的文具、纸张、账表、印刷、邮电、书报、办公软件、现场监控、会议、水电、烧水和集体取暖降温（包括现场临时宿舍取暖降温）等费用。

③ 差旅交通费：是指职工因公出差、调动工作的差旅费、住勤补助费，市内交通费和误餐补助费，职工探亲路费，劳动力招募费，职工退休、退职一次性路费，工伤人员就医路费，工地转移费以及管理部门使用的交通工具的油料、燃料等费用。

④ 固定资产使用费：是指管理和试验部门及附属生产单位使用的属于固定资产的房屋、设备、仪器等的折旧、大修、维修或租赁费。

⑤ 工具用具使用费：是指企业施工生产和管理使用的不属于固定资产的工具、器具、家具、交通工具和检验、试验、测绘、消防用具等的购置、维修和摊销费。

⑥ 福利费：是指企业按工资一定比例提取出来的专门用于职工医疗、补助以及其他福利事业的经费。包括发放给管理人员或为管理人员支付的各项现金补贴和非货币性集体福利。

⑦ 检验试验费：是指施工企业按照有关标准规定，对建筑以及材料、构件和建筑安装物进行一般鉴定、检查所发生的费用，包括自设试验室进行试验所耗用的材料等费用。不包括新结构、新材料的试验费，对构件做破坏性试验及其他特殊要求检验试验的费用和建设单位委托检测机构进行检测的费用，对此类检测发生的费用，由建设单位在工程建设其他费用中列支。但对施工企业提供的具有合格证明的材料进行检测不合格的，该检测费用由施工企业支付。

⑧ 财产保险费：是指施工管理用财产、车辆等的保险费用。

⑨ 财务费：是指企业为施工生产筹集资金或提供预付款担保、履约担保、职工工资支付担保等所发生的各种费用。

⑩ 税金：是指企业按规定缴纳的房产税、车船使用税、土地使用税、印花税、城市维护建设税、教育费附加、地方教育附加以及水利建设基金等。

⑪ 其他：包括技术转让费、技术开发费、投标费、业务招待费、绿化费、广告费、公证费、法律顾问费、审计费、咨询费、其他保险费等。

（2）利润：是指施工企业完成所承包工程获得的盈利。

二、措施项目费

措施项目费是指为完成建设工程施工，发生于该工程施工前和施工过程中的技术、生活、安全等方面的费用。主要由下列费用构成：

1. 夜间施工增加费：是指正常作业因夜间施工所发生的夜班补助费、夜间施工降效、夜间施工照明设施、交通标志、安全标牌、警示灯等移动和安拆费用。

2. 二次搬运费：是指因施工场地条件限制而发生的材料、成品、半成品等一次运输不能到达堆放地点，必须进行二次或多次搬运所发生的费用。

3. 冬雨季施工增加费：是指在冬季或雨季施工需增加的临时设施搭拆、施工现场的防滑处理、雨雪清除，对砌体、混凝土等保温养护，人工及施工机械效率降低等费用。不包括设计要求混凝土内添加防冻剂的费用。

4. 已完工程及设备保护费：是指竣工验收前，对已完工程及设备采取的覆盖、包裹、封闭、隔离等必要保护措施所发生的费用。

5. 工程定位复测费：是指工程施工过程中进行全部施工测量放线和复测工作的费用。

6. 临时保护设施费：是指在工程施工过程中，对已建成的地上、地下设施和建筑物进行的遮盖、封闭、隔离等必要保护措施所发生的费用。

7. 赶工措施费：建设单位要求施工工期少于我省现行定额工期20％时，施工企业为满足工期要求，采取相应措施而发生的费用。

8. 其他措施项目费：是指根据各专业特点、地区和工程特点所需要的措施费用。

三、不可竞争费

不可竞争费是指不能采用竞争的方式支出的费用，由安全文明施工费和工程排污费构成，安全文明施工费中包含扬尘污染防治费。编制与审核建设工程造价时，其费率应按定额规定费率计取，不得调整。

（一）安全文明施工费：由环境保护费、文明施工费、安全施工费和临时设施费构成。

1. 环境保护费：是指施工现场为达到环保部门要求所需要的各项费用。

2. 文明施工费：是指施工现场文明施工所需要的各项费用。

3. 安全施工费：是指施工现场安全施工所需要的各项费用。

4. 临时设施费：是指施工企业为进行建设工程施工所必须搭设的生活和生产用的临时建筑物、构筑物和其他临时设施费用。包括临时设施的搭设、维修、拆除、清理费或摊销费等。

（二）工程排污费：是指按规定缴纳的施工现场工程排污费。

其他应列入而未列的不可竞争费，按实际发生计取。

四、其他项目费

1. 暂列金额：是指建设单位在工程量清单或施工承包合同中暂定并包括在工程合同价款中的一笔款项。用于施工合同签订时尚未确定或者不可预见的所需材料、工程设备、服务的采购，施工中可能发生的工程变更、合同约定调整因素出现时的工程价款调整以及发生的索赔、现场签证确认等的费用。

2. 专业工程暂估价：是指建设单位在工程量清单中提供的用于支付必然发生但暂时不能确定价格的专业工程的金额。

3. 计日工：是指在施工过程中，施工企业完成建设单位提出的施工图以外的零星项目或工作所需的费用。

4. 总承包服务费：是指总承包人为配合、协调建设单位进行的专业工程发包，对建设单位自行采购的材料、工程设备等进行保管以及施工现场管理、竣工资料汇总整理等服务所需的费用。

五、税金

税金是指国家税法规定的应计入建设工程造价内的增值税。

三　工程量清单计价规定

1. 建设工程工程量清单计价活动应遵循公开、公正、客观和诚实信用的原则。

2. 招标工程量清单、最高投标限价、投标报价、工程计量、合同价款调整、合同价款结算与支付、竣工结算与支付以及工程造价鉴定等工程造价文件的编制与审核，应由具有专业资格的工程造价专业人员承担。

3. 承担工程造价文件编制与审核的工程造价专业人员及其所在单位，应对其工程造价文件的质量负责。

4. 采用工程量清单计价方式招标的建设工程，招标人应当按规定编制并公布最高投标限价。公布的最高投标限价，应当包括总价、各单位工程分部分项工程费、措施项目费、其他项目费、不可竞争性费用和税金。

4. 投标报价低于工程成本或高于最高投标限价的，评标委员会应当否决投标人的投标。

5. 分部分项工程项目清单编制与审核应符合下列要求：

5.1　项目编码，应采用十二位阿拉伯数字表示，一至九位应按本办法“清单项目计价指引”中的项目编码设置。十至十二位应根据拟建工程的工程量清单项目名称和项目特征设置，自001起按顺序编制，同一招标工程的项目编码不得有重码。

5.2　项目名称应按本办法“清单项目计价指引”中的相应结合拟建工程实际，名称填写。

5.3　分部分项工程量清单的项目特征按本办法“清单项目计价指引”中规定的项目特征，结合拟建工程项目实际予以描述。

5.4　计量单位应按本办法“清单项目计价指引”中相应项目的计量单位确定。

5.5　工程数量应按本办法“清单项目计价指引”中相应项目工程量计算规则，结合拟建工程实际进行计算。工程数量的有效数应遵守以下规定：以“吨”为单位，应保留小数点后三位数字，第四位四舍五入；以“立方米”、“平方米”、“米”、“公斤”为单位，应保留小数后两位数字，第三位四舍五入；以“个”、“组”、“套”、“块”、“樘”、“项”等为单位，应取整数。

6. 措施项目清单应结合拟建工程的实际情况和常规的施工方案进行列项，并依据省建设工程费用定额的规定进行编制。遇省建设工程费用定额缺项的措施项目，工程量清单编制人应根据拟建工程的实际情况进行补充，补充的措施项目，应填写在相应措施项目清单最后。

7. 暂列金额、暂估价的累计金额分别不得超过最高投标限价的10％。

8. 计日工的暂定数量应按拟建工程情况进行估算。

9. 总承包服务费应根据拟建工程情况和招标要求列出服务项目及其内容，并根据省建设工程费用定额的规定进行估算。

10. 编制招标工程量清单时，遇到本办法“清单项目计价指引”中清单项目缺项的，由编制人根据工程实际情况进行补充，并描述该项目的工作内容、项目特征、计量单位及相应的工程量计算规则等。

11. 补充的清单项目编码应以“ZB”开头，后续编码按本办法相应清单的项目编码规则进行编列。

12. 工程量清单计价文件，应采用本办法规定的统一格式。

四　工程成本的评审

1. 对于投标报价是否低于工程成本的异议，评标委员会可以参照本办法进行评审。

2. 报标报价出现下列情形之一的，由评标委员会重点评审后界定其报价是否低于工程成本：

（1）投标报价低于同一工程有效投标报价平均值 10%以上；

（2）因投标人原因造成投标报价清单项目缺漏，缺漏项总额（多算或多报总额不得抵消缺漏项目总额）累计占同一工程有效投标报价平均值 5%以上；

（3）人工工日单价低于工程所在地政府发布的最低工资标准折算的工日单价；

（4）需评审的主要材料消耗量低于最高投标限价相应主要材料消耗量 5%以上，且低于同一工程有效投标报价中相应材料消耗量平均值 3%以上；

（5）施工机具使用费低于同一工程有效投标报价施工机具使用费平均值的 10%以上；

（6）材料、设备暂估价未按要求计入分部分项工程费；

（7）管理费、利润投标费率低于 0%；

（8）投标报价中的不可竞争费的费率，低于省建设工程费用定额规定的费率；

（9）投标报价中税金的费率，低于省建设工程费用定额规定的费率。

3. 工程成本评审应在开标时进行投标报价清标后进行。

五　工程量清单计价文件格式

1. 工程量清单计价文件应按本办法规定的统一的格式和内容进行填写，不得随意删除或涂改，填写的单价或合价不能空缺。

2. 工程量清单计价文件应由下列内容组成：

2.1　工程计价文件封面

2.2　工程计价文件扉页

2.3　工程计价总说明

2.4　工程计价汇总表

2.5　分部分项工程计价表

2.6　措施项目清单与计价表

2.7　不可竞争项目清单与计价表

2.8　其他项目清单与计价表

2.9　税金计价表

2.10　主要材料、工程设备一览表

3. 工程计价总说明应按下列要求填写：

3.1 工程量清单总说明的内容应包括：工程概况、工程发包及分包范围、工程量清单编制依据、使用材料（工程设备）的要求、对施工的特殊要求和其他需要说明的问题等。

3.2 最高投标限价总说明的内容应包括：采用的计价依据、采用的价格信息来源及其他需要说明的有关内容等。

4. 工程量清单计价文件统一格式：见附录 A～J。

六 工程量清单计价指引

1. 本工程量清单计价指引主要包括：建筑、装饰装修、安装、市政、园林绿化和仿古建筑六个专业工程的分部分项清单项目计价指引。

2. 分部分项清单项目计价指引是将国家标准《建设工程工程量清单计价规范》、“建设工程工程量清单计算规范”与我省编制的“建设工程计价定额”有机结合，是编制最高投标限价的依据，是企业投标报价的参考。

3. 分部分项清单项目计价指引内容包括：项目编码、项目名称、项目特征、计量单位、工程量计算规则和计价定额指引。

4. 分部分项清单项目与指引的计价定额子目原则上为一一对应关系，且计算规则相同。

5. 计价指引中分部分项清单项目编码以“WB”起始的，是我省自行补充项目。

6. 建筑及装饰装修、安装、市政、园林绿化和仿古建筑工程计价指引分部清单项目主要包括：

6.1 建筑及装饰装修工程：土石方工程；地基处理与边坡支护工程；桩基工程；砌筑工程；混凝土及钢筋混凝土工程；金属结构工程；木结构工程；门窗工程；屋面及防水工程；保温、隔热、防腐工程；楼地面装饰工程；墙柱面装饰与隔断、幕墙工程；天棚工程；油漆、涂料、裱糊工程；其他装饰工程；拆除工程；脚手架工程；混凝土模板及支架(撑)；垂直运输；超高施工增加；施工排水、降水；构筑物工程。

6.3 安装工程：C.1 机械设备安装工程；C.2 热力设备安装工程；C.3 静置设备与工艺金属结构制作安装工程；C.4 电气设备安装工程；C.5 建筑智能化工程；C.6 自动化控制仪表安装工程；C.7 通风空调工程；C.8 工业管道工程；C.9 消防工程；C.10 给排水、采暖、燃气工程；C.11 刷油、防腐蚀、绝热工程。

6.4 市政工程：土石方工程；道路工程；桥涵工程；隧道工程；管网工程；水处理工程；垃圾处理工程；其他项目。

6.5 园林绿化工程：绿化工程；园路、园桥工程；园林景观工程；其他项目。

6.6 仿古建筑工程：砖作工程；石作工程；混凝土及钢筋混凝土工程；木作工程；屋面工程；地面工程；油漆彩画工程；其他项目；徽派做法。

7. 分部分项清单项目计价指引具体内容见：建筑装饰工程清单计价指引、安装工程清单计价指引、市政工程清单计价指引、园林绿化工程清单计价指引、仿古建筑工程清单计价指引。

附录A　工程计价文件封面

A.1　招标工程量清单封面

______________________________工程

招标工程量清单

招　标　人：______________________________

（单位盖章）

造价咨询人：______________________________

（单位盖章）

年　　月　　日

A.2　最高投标限价封面

__________________________________工程

最高投标限价

招　标　人：__________________________________

（单位盖章）

造价咨询人：__________________________________

（单位盖章）

年　　月　　日

A.3 投标总价封面

____________________________________工程

投　标　总　价

投　标　人：____________________________________

（单位盖章）

年　　　月　　　日

A.4 竣工结算封面

____工程

竣 工 结 算

发 包 人：____

（单位盖章）

承 包 人：____

（单位盖章）

造价咨询人：____

（单位盖章）

年 月 日

附录B　工程计价文件扉页

B.1　招标工程量清单扉页

________________________________工程

招标工程量清单

招　标　人：________________
（单位盖章）

造价咨询人：________________
（单位资质专用章）

法定代表人
或其授权人：________________
（签字或盖章）

法定代表人
或其授权人：________________
（签字或盖章）

编　制　人：________________
（造价人员签字盖专用章）

复　核　人：________________
（造价工程师签字盖专用章）

编制时间：　　年　月　日

复核时间：　　年　月　日

B.2　最高投标限价扉页

________________________________工程

最高投标限价

最高投标限价(小写)：________________________________

(大写)：________________________________

招　标　人：__________________
(单位盖章)

造价咨询人：__________________
(单位资质专用章)

法定代表人
或其授权人：__________________
(签字或盖章)

法定代表人
或其授权人：__________________
(签字或盖章)

编　制　人：__________________
(造价人员签字盖专用章)

复　核　人：__________________
(造价工程师签字盖专用章)

编制时间：　　年　月　日

复核时间：　　年　月　日

B.3 投标总价扉页

投 标 总 价

招 标 人：________________________

工 程 名 称：________________________

投标总价（小写）：________________________

（大写）：________________________

投 标 人：________________________

（单位盖章）

法定代表人

或其授权人：________________________

（签字或盖章）

编 制 人：________________________

（造价人员签字盖专用章）

时间： 年 月 日

B.4　竣工结算总价扉页

________________________________工程

竣工结算总价

施工合同价（小写）：____________________________

（大写）：____________________________

竣工结算价（小写）：____________________________

（大写）：____________________________

发　包　人：________　承　包　人：________　造价咨询人：________

（单位盖章）　（单位盖章）　（单位资质专用章）

法定代表人　法定代表人　法定代表人

或其授权人：________　或其授权人：________　或其授权人：________

（签字或盖章）　（签字或盖章）　（签字或盖章）

编　制　人：______________　复　核　人：______________

（造价人员签字盖专用章）　（造价工程师签字盖专用章）

编制时间：　年　月　日　核对时间：　年　月　日

附录C 工程计价总说明

总 说 明

工程名称： 第 页共 页

附录 D　工程计价汇总表

D.1　建设项目最高投标限价/投标报价汇总表

工程名称：　　　　　　　　　　　　　　　　　　　　　　　　　　第　页共　页

序号	单项工程名称	金额（元）	其中：（元）	
			暂估价	不可竞争费
合计				

说明：本表适用于建设项目最高投标限价或投标报价的汇总。暂估价包括分部分项工程中的材料、设备暂估价和专业工程暂估价。

D.2 单项工程最高投标限价/投标报价汇总表

工程名称：　　　　　　　　　　　　　　　　　　　　　　　　　　　　　　第　页共　页

序号	单位工程名称	金额（元）	其中：（元）	
			暂估价	不可竞争费
合计				

说明：本表适用于单项工程最高投标限价或投标报价的汇总。暂估价包括分部分项工程中的材料、设备暂估价和专业工程暂估价。

D.3 单位工程最高投标限价/投标报价汇总表

工程名称： 标段： 第 页共 页

序号	汇总内容	金额（元）	其中：材料、设备暂估价（元）
1	分部分项工程费		
2	措施项目费		
3	不可竞争费		
3.1	安全文明施工费		
3.2	工程排污费		
4	其他项目费		
4.1	暂列金额		
4.2	专业工程暂估价		
4.3	计日工		
4.4	总承包服务费		
5	税金		
工程造价＝1＋2＋3＋4＋5			

说明：本表适用于单位工程最高投标限价或投标报价的汇总，如无单位工程划分，单项工程也使用本汇总表。

D.4 建设项目竣工结算汇总表

工程名称：　　　　　　　　　　　　　　　　　　　　　　　　　　　　第　　页共　　页

序号	单项工程名称	金额（元）	其　　中（元）
			不可竞争费
合　　计			

D.5　单项工程竣工结算汇总表

工程名称：　　　　　　　　　　　　　　　　　　　　　　　　　　　　　　第　页共　页

序号	单位工程名称	金额（元）	其　中（元）
			不可竞争费
	合　计		

D.6 单位工程竣工结算汇总表

工程名称： 标段： 第 页共 页

序号	汇总内容	结算金额（元）
1	分部分项工程费	
2	措施项目费	
3	不可竞争费	
3.1	安全文明施工费	
3.2	工程排污费	
4	其他项目费	
4.1	专业工程结算价	
4.2	计日工	
4.3	总承包服务费	
4.4	索赔与现场签证	
5	税金	
竣工结算造价＝1＋2＋3＋4＋5		

说明：本表适用于单位工程竣工结算价的汇总，如无单位工程划分，单项工程也使用本汇总表。

附录E　分部分项工程计价表

E.1　分部分项工程量清单计价表

工程名称：　　　　　　　　　　　　　　标段：　　　　　　　　　　　　第　　页共　　页

序号	项目编码	项目名称	项目特征描述	计量单位	工程量	金额（元）				
						综合单价	合价	其中		
								定额人工费	定额机械费	暂估价

E.2　分部分项工程量清单综合单价分析表

工程名称：　　　　　　　　　　　　　　　　　　　　　标段：　　　　　　　　　　　　　　　　第　　页共　　页

<table>
<tr><td>项目编码</td><td colspan="2"></td><td>项目名称</td><td colspan="2"></td><td colspan="2">计量单位</td><td></td><td>工程量</td><td colspan="2"></td></tr>
<tr><td colspan="12">清单综合单价组成明细</td></tr>
<tr><td rowspan="2">定额编码</td><td rowspan="2">定额项目名称</td><td rowspan="2">定额单位</td><td rowspan="2">数量</td><td colspan="4">单价</td><td colspan="4">合价</td></tr>
<tr><td>人工费</td><td>材料费</td><td>机械费</td><td>综合费</td><td>人工费</td><td>材料费</td><td>机械费</td><td>综合费</td></tr>
<tr><td></td><td></td><td></td><td></td><td></td><td></td><td></td><td></td><td></td><td></td><td></td><td></td></tr>
<tr><td colspan="2">人工单价</td><td colspan="6">小计</td><td></td><td></td><td></td><td></td></tr>
<tr><td colspan="2">（　）元/工日</td><td colspan="6">未计价材料费</td><td colspan="4"></td></tr>
<tr><td colspan="8">清单项目综合单价</td><td colspan="4"></td></tr>
<tr><td rowspan="9">材料费明细</td><td colspan="3">主要材料名称、规格、型号</td><td colspan="2">单位</td><td colspan="2">数量</td><td>单价（元）</td><td>合价（元）</td><td>暂估单价（元）</td><td>暂估合价（元）</td></tr>
<tr><td colspan="3"></td><td colspan="2"></td><td colspan="2"></td><td></td><td></td><td></td><td></td></tr>
<tr><td colspan="3"></td><td colspan="2"></td><td colspan="2"></td><td></td><td></td><td></td><td></td></tr>
<tr><td colspan="3"></td><td colspan="2"></td><td colspan="2"></td><td></td><td></td><td></td><td></td></tr>
<tr><td colspan="3"></td><td colspan="2"></td><td colspan="2"></td><td></td><td></td><td></td><td></td></tr>
<tr><td colspan="3"></td><td colspan="2"></td><td colspan="2"></td><td></td><td></td><td></td><td></td></tr>
<tr><td colspan="3"></td><td colspan="2"></td><td colspan="2"></td><td></td><td></td><td></td><td></td></tr>
<tr><td colspan="7">其他材料费</td><td>—</td><td></td><td>—</td><td></td></tr>
<tr><td colspan="7">材料费小计</td><td>—</td><td></td><td>—</td><td></td></tr>
</table>

E.3 综合单价调整表

工程名称：　　　　　　　　　　　　　　标段：　　　　　　　　　　　　　　第　　页共　　页

序号	项目编码	项目名称	已标价清单综合单价（元）					调整后综合单价（元）				
			综合单价	其中				综合单价	其中			
				人工费	材料费	机械费	综合费		人工费	材料费	机械费	综合费

造价工程师（签章）：　发包人代表（签章）： 日期：	造价人员（签章）：　承包人代表（签章）： 日期：

说明：综合单价调整表应附调整依据。

附录F　措施项目清单与计价表

工程名称：　　　　　　　　　　　　　　　　标段：　　　　　　　　　　　　第　页共　页

序号	项目编码	项目名称	计算基础	费率（%）	金额（元）
1		夜间施工增加费			
2		二次搬运费			
3		冬雨季施工增加费			
4		已完工程及设备保护费			
5		工程定位复测费			
6		临时保护设施费			
7		赶工措施费			
8		其他措施项目费			
10					
11					
12					
合计					

附录G　不可竞争项目清单与计价表

工程名称：　　　　　　　　　　　　　　　　　标段：　　　　　　　　　　　　　　　第　　页共　　页

序号	项目编码	项目名称	计算基础	费率（%）	金额（元）
1		环境保护费			
2		文明施工费			
3		安全施工费			
4		临时设施费			
5		工程排污费			
6					
7					
8					
10					
11					
12					
合　计					

附录 H　其他项目清单与计价表

H.1　其他项目清单与计价汇总表

工程名称：　　　　　　　　　　　　　　　　标段：　　　　　　　　　　　　　　　　第　　页共　　页

序号	项目名称	金额（元）
1	暂列金额	
2	专业工程暂估价	
3	计日工	
4	总承包服务费	
合　计		

H.2 暂列金额明细表

工程名称： 标段： 第 页共 页

序号	项目名称	计量单位	暂定金额（元）	备注
合 计				—

说明：此表由招标人填写，如不能详列，也可只列暂定金额总额，投标人应将上述暂列金额计入投标总价中。

H.3 专业工程暂估价计价表

工程名称：　　　　　　　　　　　　　　标段：　　　　　　　　　　　　　　第　　页共　　页

序号	工程名称	工程内容	金额（元）	备注
合　计				

说明：此表中“金额”由招标人填写。投标时，投标人应按招标人所列金额计入投标总价中。结算时按合同约定结算金额填写。

H.4 计日工表

工程名称：　　　　　　　　　　　　　　　　　　标段：　　　　　　　　　　　　　　第　　页共　　页

编码	项目名称	单位	数量	综合单价	合价（元）
一	人工				
1					
2					
3					
4					
人工费小计					
二	材料				
1					
2					
3					
4					
5					
6					
材料费小计					
三	施 工 机 械				
1					
2					
3					
4					
施工机械费小计					
合　　计					

说明：此表项目名称、数量由招标人填写，编制最高投标限价时，综合单价由招标人按有关计价规定确定；投标时，综合单价由投标人自主报价，按招标人所列数量计算合价计入投标总价中。结算时，按发承包双方确认的实际数量计算。

H.5 总承包服务费计价表

工程名称：　　　　　　　　　　　　　　　　　　标段：　　　　　　　　　　　　　　　　第　　页共　　页

序号	工程名称	项目价值（元）	服务内容	费率（%）	金额（元）
1	发包人发包专业工程				
2	发包人供应材料				
合　计					

说明：此表项目名称、服务内容由招标人填写，编制最高投标限价时，费率及金额由招标人按有关规定确定；投标时，费率及金额由投标人自主报价，计入投标总价中。

附录I 税金计价表

工程名称：　　　　　　　　　　　　　　　　标段：　　　　　　　　　　　　　　　　第　　页共　　页

序号	项目名称	计算基础	计算基数	费率（%）	金额（元）
1	增值税	分部分项工程费＋措施项目费＋不可竞争费＋其他项目费			
合计					

附录 J　主要材料、工程设备一览表

J.1　材料（工程设备）暂估单价一览表

工程名称：　　　　　　　　　　　　标段：　　　　　　　　　　　　第　页共　页

序号	材料（工程设备）名称、规格、型号	计量单位	数量	单价（元）

说明：此表由招标人填写，投标人应将上述材料（工程设备）暂估单价计入工程量清单综合单价报价中。

J.2 发包人提供材料（工程设备）一览表

工程名称：　　　　　　　　　　　　　　标段：　　　　　　　　　　　　第　　页共　　页

序号	材料（工程设备）名称、规格、型号	计量单位	数量	单价（元）	合价（元）	备注

说明：此表由招标人填写，供投标人在投标报价、确定总承包服务费时参考。

J.3 承包人提供材料（工程设备）一览表

工程名称：　　　　　　　　　　　　　　　　标段：　　　　　　　　　　　　　　　第　　页共　　页

序号	材料（工程设备）名称、规格、型号	计量单位	数量	风险系数（%）	基准单价	投标单价	备注

说明：1. 此表由投标人在投标时自主确定投标单价，其他内容由招标人填写。

2. 招标人应优先采用工程造价管理机构发布的单价作为基准单价，未发布的，通过市场调查确定其基准单价。

附录A 土石方工程

A.1 土方工程（编码：040101）

项目编码	项目名称	项目特征	计量单位	工程量计算规则	定额指引
040101001	挖一般土方	1. 土壤类别 2. 挖土深度	m^3	按设计图示尺寸以体积计算	G1－1、G1－2、G1－24～G1－29
040101002	挖沟槽土方			按设计图示尺寸以基础垫层底面积乘以挖土深度计算	G1－3、G1－4、G1－30、G1－31
040101003	挖基坑土方				G1－5、G1－6、G1－30、G1－31
040101005	挖淤泥、流砂	1. 挖掘深度 2. 运距		按设计图示位置、界限以体积计算	G1－13、G1－14、G1－32

A.2 石方工程（编码：040102）

项目编码	项目名称	项目特征	计量单位	工程量计算规则	定额指引
040102001	挖一般石方	1. 岩石类别 2. 开凿深度	m^3	按设计图示尺寸以体积计算	G1－47、G1－49～G1－54、G1－58～G1－60、G1－64～G1－66、G1－71、G1－72
040102002	挖沟槽石方				G1－48、G1－55～G1－57、G1－61～G1－63
040102003	挖基坑石方			按设计图示尺寸以基础垫层底面积乘以挖石深度计算	G1－48、G1－55～G1－57、G1－61～G1－63

A.3 回填方及土石方运输（编码：040103）

项目编码	项目名称	项目特征	计量单位	工程量计算规则	定额指引
040103001	回填方	1. 密实度要求 2. 填方材料要求 3. 填方粒径要求 4. 填方来源、运距	m^3	1. 按挖方清单项目工程量加原地面线至设计要求标高间的体积，减基础、构筑物等埋入体积计算 2. 按设计图示尺寸以体积计算	G1－9～G1－11
040103002	余方弃置	1. 废弃料品种 2. 运距		按挖方清单项目工程量减利用回填方体积（正数）计算	G1－16～G1－19、G1－20～G1－23、G1－33～G1－39、G1－69～G1－74

附录 B　道路工程

B.1　路基处理（040201）

项目编码	项目名称	项目特征	计量单位	工程量计算规则	定额指引
040201001	预压地基	1. 预压方法 2. 预压荷载、时间	m^2	按设计图示尺寸以面积计算	S1－1－5、S1－1－6
040201004	掺石灰	含灰量	m^3	按设计图示尺寸以体积计算	S1－1－1～S1－1－4
040201006	弹软土基改换片石处理	1. 材料品种、规格 2. 掺石率			S1－1－9
040201007	抛石挤淤	材料品种、规格			S1－1－10
040201008	袋装砂井	1. 直径 2. 填充材料品种 3. 深度	m	按设计图示尺寸以长度计算	S1－1－11、S1－1－12
040201009	塑料排水板	材料品种、规格			S1－1－13、S1－1－14
040201010	振冲桩	1. 地层情况 2. 空桩长度、桩长 3. 桩径 4. 填充材料种类	m^3	按设计桩截面乘以体积计算	S1－1－17～S1－1－19
040201014	喷粉桩	1. 地层情况 2. 空桩长度、桩长 3. 桩径 4. 粉体种类、掺量 5. 水泥强度等级、石灰粉要求		按设计图示尺寸以体积计算	S1－1－20、S1－1－21
040201016	石灰桩	1. 地层情况 2. 空桩长度、桩长 3. 桩径 4. 成孔方法 5. 掺合料种类、配合比		按设计图示尺寸以体积（包括桩尖）计算	S1－1－15、S1－1－16

续表

项目编码	项目名称	项目特征	计量单位	工程量计算规则	定额指引
040201021	土工合成材料	1. 材料品种、规格 2. 搭接方式	m^2	按设计图示尺寸以面积计算	S1－1－22～S1－1－24
040201022	排水沟、截水沟	1. 断面尺寸 2. 基础、垫层：材料品种、厚度 3. 砌体材料 4. 混凝土强度等级 5. 砂浆强度等级 6. 伸缩缝填塞 7. 盖板材质、规格	m^3	按设计图示尺寸以体积计算	S1－1－25、S1－1－26
040201023	盲沟	1. 材料品种、规格 2. 断面尺寸	m	按设计图示尺寸以长度计算	S1－1－27～S1－1－30
WB040201024	掺水泥	1. 密实度 2. 掺水泥含量 3. 拌和方式	m^3	按设计图示尺寸以体积计算	S1－1－7、S1－1－8
WB040201025	中央绿化带排水盲沟	1. 材料品种、规格 2. 断面尺寸	m	按设计图示尺寸以长度计算	S1－1－31、S1－1－32
WB040201026	砂底层	1. 厚度 2. 材料品种、规格及比例	m^2	按设计图示尺寸以铺设面积计算	S1－1－33、S1－1－34
WB040201027	弹软土基机械翻晒土	1. 土壤类别 2. 厚度	m^2	按设计图示尺寸以面积计算	S1－1－35
WB040201028	土边沟成型	1. 土壤类别 2. 截面尺寸	m^3	按设计图示尺寸以体积计算	S1－1－36

B.2 道路路基（040202）

项目编码	项目名称	项目特征	计量单位	工程量计算规则	定额指引
040202001	路床（槽）碾压检验	1. 部位 2. 范围	m^2	按设计道路底基层图示尺寸以面积计算，不扣除各类井所占面积	S2－1－1
040202002	石灰稳定土	1. 含灰量 2. 厚度	m^2	按设计图示尺寸以面积计算，不扣除各类井所占面积	S2－1－31～S2－1－40
040202003	水泥稳定土	1. 水泥含量 2. 厚度	m^2	按设计图示尺寸以面积计算，不扣除各类井所占面积	S2－1－41～S2－1－44
040202004	石灰、粉煤灰、土	1. 配合比 2. 厚度	m^2	按设计图示尺寸以面积计算，不扣除各类井所占面积	S2－1－45～S2－1－52
040202005	石灰、碎石、土	1. 配合比 2. 碎石规格 3. 厚度	m^2	按设计图示尺寸以面积计算，不扣除各类井所占面积	S2－1－53～S2－1－56
040202006	石灰、粉煤灰、碎（砾）石	1. 配合比 2. 碎（砾）石规格 3. 厚度	m^2	按设计图示尺寸以面积计算，不扣除各类井所占面积	S2－1－57～S2－1－60
040202008	矿渣	1. 石料规格 2. 厚度	m^2	按设计图示尺寸以面积计算，不扣除各类井所占面积	S2－1－23～S2－1－26
040202009	砂砾石	1. 石料规格 2. 厚度	m^2	按设计图示尺寸以面积计算，不扣除各类井所占面积	S2－1－9～S2－1－12
040202010	卵石	1. 石料规格 2. 厚度	m^2	按设计图示尺寸以面积计算，不扣除各类井所占面积	S2－1－13～S2－1－16
040202011	碎石	1. 石料规格 2. 厚度	m^2	按设计图示尺寸以面积计算，不扣除各类井所占面积	S2－1－17～S2－1－20
040202012	块石	1. 石料规格 2. 厚度	m^2	按设计图示尺寸以面积计算，不扣除各类井所占面积	S2－1－21、S2－1－22
040202013	山皮石	1. 石料规格 2. 厚度	m^2	按设计图示尺寸以面积计算，不扣除各类井所占面积	S2－1－27～S2－1－30
040202014	粉煤灰三碴	1. 配合比 2. 厚度	m^2	按设计图示尺寸以面积计算，不扣除各类井所占面积	S2－1－61、S2－1－62
040202015	水泥稳定碎（砾）石	1. 水泥含量 2. 石料规格 3. 厚度	m^2	按设计图示尺寸以面积计算，不扣除各类井所占面积	S2－1－63～S2－1－76

续表

项目编码	项目名称	项目特征	计量单位	工程量计算规则	定额指引
040202016	沥青稳定碎石	1. 沥青含量 2. 石料规格 3. 厚度	m^2	按设计图示尺寸以面积计算，不扣除各类井所占面积	S2—1—77、S2—1—78
WB040202017	垫层	1. 材料品种、规格 2. 厚度			S2—1—3～S2—1—8
WB040202018	多合土养护	养护			S2—1—79、S2—1—80
WB040202019	消解石灰	消解石灰	t	按设计配合比以重量计算	S2—1—81
WB040202020	旧路面校拱层混凝土	厚度	m^2	按设计图示尺寸以面积计算	S2—1—82、S2—1—84
WB040202021	旧路面校拱层模板	厚度			S2—1—83、S2—1—85
WB040202022	铣刨沥青路面	厚度	m^2	按设计图示尺寸以面积计算，不扣除各类井所占面积	S2—1—86、S2—1—87
WB040202023	水泥混凝土路面凿毛	凿毛			S2—1—88
WB040202024	裂缝灌浆修补	1. 补缝宽度 2. 补缝深度	m	按设计图示尺寸以长度计算	S2—1—89
WB040202025	贴防裂贴	贴防裂贴	m^2	按设计图示尺寸以面积计算	S2—1—90

B.3 道路面层（040203）

项目编码	项目名称	项目特征	计量单位	工程量计算规则	定额指引
040203001	沥青表面处治	1. 沥青品种 2. 层数	m^2	按设计图示尺寸以面积计算，不扣除各类井所占面积，带平石的面层应扣除平石所占面积	S2—2—1～S2—2—6
040203002	沥青贯入式	1. 沥青含量 2. 石料规格 3. 厚度			S2—2—7、S2—2—8
040203003	透层、粘层	1. 材料品种 2. 喷油量			S2—2—46、S2—2—47
040203004	封层	1. 材料品种 2. 喷油量			S2—2—48～S2—2—51
040203006	沥青混凝土	1. 沥青含量 2. 沥青混凝土种类 3. 石料粒径 4. 掺和料 5. 厚度			S2—2—9～S2—2—20

续表

项目编码	项目名称	项目特征	计量单位	工程量计算规则	定额指引
040203007	水泥混凝土	1. 混凝土强度等级 2. 掺和料 3. 厚度	m^2	按设计图示尺寸以面积计算，不扣除各类井所占面积，带平石的面层应扣除平石所占面积	S2—2—21、S2—2—23
WB040203009	模板	厚度			S2—2—22、S2—2—24
WB040203010	传力杆制作、安装	1. 材质 2. 部位	t	按设计配合比以重量计算	S2—2—25～S2—2—27
WB040203011	真空吸水	厚度	m^3	按设计图示尺寸以体积计算	S2—2—28、S2—2—29
WB040203012	伸缩缝	1. 类型 2. 材料品种 3. 厚度	m^2	按设计图示尺寸以缝的断面积计算	S2—2—30～S2—2—38
WB040203013	路面刻痕	刻痕		按设计图示尺寸以面积计算，不扣除各类井所占面积，带平石的面层应扣除平石所占面积	S2—2—39
WB040203014	养生	养生形式			S2—2—40、S2—2—41
WB040203015	刚柔接头	材料品种	m	按设计图示尺寸以长度计算	S2—2—42
WB040203016	简易面层	1. 结构形式 2. 配合比 3. 厚度	m^2	按设计图示尺寸以面积计算，不扣除各类井所占面积，带平石的面层应扣除平石所占面积	S2—2—43～S2—2—45

B.4 人行道及其他工程（编码：040204）

项目编码	项目名称	项目特征	计量单位	工程量计算规则	定额指引
040204001	人行道整形、碾压	1. 部位 2. 范围	m^2	按设计人行道图示尺寸以面积计算，不扣除侧石、树池及各类井所占面积	S2—1—2
040204002	人行道板安砌	1. 块料品种、规格 2. 垫层品种、规格 3. 厚度			S2—3—2～S2—3—11
040204003	现浇混凝土人行道	1. 混凝土强度等级 2. 石料粒径 3. 厚度		按设计图示尺寸以面积计算，不扣除各类井所占面积，但应扣除侧石、树池所占面积	S2—3—12、S2—3—14

续表

项目编码	项目名称	项目特征	计量单位	工程量计算规则	定额指引
040204004	安砌混凝土侧石	材料品种、规格	m	按设计图示中心线长度计算	S2－3－20～S2－3－26
040204007	砌筑树池（钢筋）混凝土块	1. 材料品种、规格 2. 树池尺寸 3. 树池盖面材料品种			S2－3－27～S2－3－30
WB040204009	人行道混凝土垫层	材料品种	m^3	按设计图示尺寸以体积计算	S2－3－1
WB040204010	现浇混凝土人行道模板	厚度	m^2	按设计图示尺寸以面积计算，不扣除各类井所占面积，但应扣除侧石、树池所占面积	S2－3－13、S2－3－15
WB040204011	侧缘石垫层	材料品种	m^3	按设计图示尺寸以体积计算	S2－3－16～S2－3－19
WB040204012	混合料运输	1. 混合料品种 2. 运距		按运输混合料体积计算	S2－3－31～S2－3－38

B.5　交通管理设施（编码：040205）

项目编码	项目名称	项目特征	计量单位	工程量计算规则	定额指引
040205001	人（手）孔井	1. 材料品种 2. 规格尺寸 3. 盖板材料、规格	座	按设计图示数量计算	S2－4－1、S2－4－2
040205002	电缆保护管	1. 材料品种 2. 规格	m	按设计图示以长度计算	S2－4－3、S2－4－4
040205003	标杆	1. 类型 2. 材质 3. 规格尺寸 4. 油漆品种	套	按设计图示数量计算	S2－4－5～S2－4－28
040205004	标志板	1. 类型 2. 材质 3. 规格尺寸 4. 板面反光膜等级	块		S2－4－29～S2－4－35
040205005	视线诱导器	1. 类型 2. 材料品种	只		S2－4－36～S2－4－38

续表

项目编码	项目名称	项目特征	计量单位	工程量计算规则	定额指引
040205006	标线	1. 材料品种 2. 工艺 3. 部位	m^2	按设计图示尺寸以面积计算	S2—4—39～S2—4—43
040205009	清除标线	清除标线			S2—4—44
040205010	环行检测线	类型	m	按设计图示以长度计算	S2—4—49、S2—4—50
040205011	值警亭	1. 类型 2. 规格	只	按设计图示数量计算	S2—4—51～S2—4—53
040205012	隔离护栏	1. 类型 2. 规格、型号 3. 材料品种	m	按设计图示以长度计算	S2—4—54～S2—4—62
040205014	信号灯	1. 类型 2. 规格、型号	套	按设计图示数量计算	S2—4—48
040205018	警示桩、广角镜	1. 材料品种 2. 规格、型号	个	按设计图示数量计算	S2—4—75、S2—4—76
040205019	减速垄	1. 材料品种 2. 规格、型号	m	按设计图示以长度计算	S2—4—77
WB040205025	信号灯杆	1. 类型 2. 规格、型号	根	按设计图示数量计算	S2—4—45～S2—4—47
WB040205026	信号灯箱		只		S2—4—63、S2—4—64
WB040205027	接地棒				S2—4—65
WB040205028	信号灯架				S2—4—66～S2—4—68
WB040205029	地下走线		m	按设计图示以长度计算	S2—4—69～S2—4—71
WB040205030	进线管		根	按设计图示数量计算	S2—4—72
WB040205031	混凝土隔离墩	1. 材料品种 2. 规格、型号	m^3	按设计图示以体积计算	S2—4—73
WB040205032	塑质隔离墩	1. 材料品种 2. 规格、型号	个	按设计图示数量计算	S2—4—74

附录C　桥涵工程

C.1　桩基（编码：040301）

项目编码	项目名称	项目特征	计量单位	工程量计算规则	定额指引
040301001	预制钢筋混凝土方桩	1. 地层情况 2. 送桩深度、桩长 3. 桩截面 4. 桩倾斜度 5. 沉桩方式 6. 接桩方式 7. 混凝土强度等级	m^3	按设计图示截面积乘以桩长（包括桩尖）以实体积计算	G2－141～G2－156
040301002	预制钢筋混凝土管桩	1. 地层情况 2. 送桩深度、桩长 3. 桩外径、壁厚 4. 桩倾斜度 5. 沉桩方法 6. 桩尖类型 7. 混凝土强度等级 8. 填充材料种类 9. 防护材料种类	m^3	按设计图示截面积乘以桩长（包括桩尖），以体积计算	G2－168～G2－183
040301003	钢管桩	1. 地层情况 2. 送桩深度、桩长 3. 材质 4. 管径、壁厚 5. 桩倾斜度 6. 沉桩方法 7. 填充材料种类 8. 防护材料种类	t	以吨计量，按设计图示尺寸以质量计算	G2－184～G2－201
040301004	泥浆护壁成孔灌注桩	1. 地层情况 2. 空桩长度、桩长 3. 桩径 4. 成孔方法 5. 护筒类型、长度 6. 混凝土种类、强度等级	m^3	1. 以米计量，按设计图示尺寸以桩长（包括桩尖）计算 2. 以立方米计量，按不同截面在桩上范围内以体积计算 3. 以根计量，按设计图示数量计算	G2－244～G2－261、G2－263～G2－266、G2－270～G2－285、G2－296～G2－313

续表

项目编码	项目名称	项目特征	计量单位	工程量计算规则	定额指引
040301005	沉管灌注桩	1. 地层情况 2. 空桩长度、桩长 3. 复打长度 4. 桩径 5. 沉管方法 6. 桩尖类型 7. 混凝土种类、强度等级	m^3	以立方米计量，按不同截面在桩上范围内以体积计算	G2－229～G2－238
040301006	干作业成孔灌注桩	1. 地层情况 2. 空桩长度、桩长 3. 桩径 4. 扩孔直径、高度 5. 成孔方法 6. 混凝土种类、强度等级	m^3	按设计图示尺寸从自然地面至桩底，以体积计算	G2－289～G2－294
040301008	人工挖孔灌注桩	1. 桩芯长度 2. 桩芯直径、扩底直径、扩底高度 3. 护壁厚度、高度 4. 护壁混凝土种类、强度等级 5. 桩芯混凝土种类、强度等级	m^3	以立方米计量，按桩芯混凝土体积计算	G2－317～G2－322
040301010	灌注桩后压浆	1. 注浆导管材料、规格 2. 注浆导管长度 3. 单孔注浆量 4. 水泥强度等级	t	按设计图示以注浆孔数计算	G2－340
040301011	截桩头	1. 桩类型 2. 桩头截面、高度 3. 混凝土强度等级 4. 有无钢筋	1. m^3 2. 根	1. 以立方米计量，按设计桩截面乘以桩头长度以体积计算 2. 以根计量，按设计图示数量计算	G3－71～G3－73
040301012	安装声测管	1. 材质 2. 规格、型号	t	按设计图示尺寸数量计算	S3－7－49
WB040301013	预制混凝土板桩	1. 地层情况 2. 送桩深度、桩长 3. 桩截面 4. 桩倾斜度 5. 沉桩方式 6. 接桩方式 7. 混凝土强度等级	m^3	按设计图示截面积乘以桩长（包括桩尖），以体积计算	G2－157～G2－162

续表

项目编码	项目名称	项目特征	计量单位	工程量计算规则	定额指引
WB040301014	钢桩尖制作、安装	1. 类型 2. 钢板厚度	t	按设计图示尺寸，以质量计算	G2－163～G2－167
WB040301015	钢管桩切割	1. 桩径 2. 壁厚	根	按实际切割数量计算	G2－202～G2－204
WB040301016	钢桩桩盖帽	桩径	只	按实际盖帽数量计算	G2－205～G2－207
WB040301017	钢管桩管内取土、填心	1. 桩径 2. 取（填）深度	m^3	按实际取土（填土）体积计算	G2－208～G2－210
WB040301018	接桩	1. 桩类型 2. 桩径 3. 接桩材料	个	按接头数量计算	G2－211～G2－225
WB040301019	沉管灌注桩桩尖制作、埋设	1. 桩径 2. 混凝土等级	个	按实际使用桩尖数量计算	G2－226～G2－228
WB040301020	灌注混凝土桩入岩增加费	1. 岩石类别 2. 桩径 3. 成孔方法	m^3	按入岩深度乘以设计桩截面面积，以体积计算	G2－262、G2－267～G2－269、G2－286～G2－288、G2－295、G2－314～G2－316、G2－323～G2－326
WB040301021	埋设钢护筒	1. 桩径 2. 护筒壁厚	m	按埋设深度计算	G2－239～G2－243
WB040301022	水下灌注混凝土	混凝土种类、强度等级	m^3	按设计图示截面积乘以桩长，以体积计算	G2－329、G2－330
WB040301023	灌注桩混凝土干法浇筑	混凝土种类、强度等级	m^3	按设计图示截面积乘以桩长，以体积计算	G2－331～G2－334
WB040301024	声测管埋设	1. 管材料 2. 规格	m	按设计桩长加 20cm，以长度计算	G2－335～G2－337
WB040301025	灌浆管埋设	1. 管材料 2. 规格	m	按设计桩长加 20cm，以长度计算	G2－338、G2－339
WB040301026	泥浆运输	运距	m^3	按钻孔体积计算	G2－341、G2－342
WB040301027	钢筋笼制作	1. 桩径 2. 钢筋种类、规格	t	按设计图示尺寸，以重量计算	G2－343、G2－344
WB040301028	挖孔桩护壁钢筋	1. 桩径 2. 钢筋种类、规格	t	按设计图示尺寸，以重量计算	G2－348
WB040301029	吊车安装钢筋笼	桩长	根	按安装数量计算	G2－345～G2－347

C.2 基坑与边坡支护（编码：040302）

项目编码	项目名称	项目特征	计量单位	工程量计算规则	定额指引
040302001	打圆木桩	1. 地层情况 2. 桩长 3. 材质 4. 尾径 5. 桩倾斜度	m^3	按设计图示截面积乘以桩长（包括桩尖）以实体积计算	G2－349～G2－360
040302002	打预制钢筋混凝土板桩	1. 地层情况 2. 送桩深度、桩长 3. 桩截面 4. 沉桩方法 5. 连接方式 6. 混凝土强度等级	m^3	按设计图示截面积乘以桩长（包括桩尖）以实体积计算	G2－361～G2－366
040302003	地下连续墙	1. 地层情况 2. 导墙类型、截面 3. 墙体厚度 4. 成槽深度 5. 混凝土种类、强度等级 6. 接头形式	m^3	按设计图示墙中心线长乘以厚度乘以槽深以体积计算	G2－89～G2－92
040302004	咬合灌注桩	1. 地层情况 2. 桩长 3. 桩径 4. 混凝土种类、强度等级 5. 部位	m^3	按设计图示尺寸，以体积计算	G2－100、G2－101
040302006	锚杆（锚索）钻孔、注浆	1. 地层情况 2. 锚杆（索）类型、部位 3. 钻孔深度 4. 钻孔直径 5. 浆液种类、强度等级	m	按设计图示尺寸，以钻孔深度计算	G2－121～G2－127
040302007	土钉钻孔、注浆	1. 地层情况 2. 钻孔深度 3. 钻孔直径 4. 置入方法 5. 浆液种类、强度等级 6. 入岩深度	m	按设计图示尺寸，以钻孔深度计算	G2－130、G2－131

续表

项目编码	项目名称	项目特征	计量单位	工程量计算规则	定额指引
040302008	喷射混凝土、水泥砂浆	1. 部位 2. 厚度 3. 材料种类 4. 混凝土（砂浆）类别、强度等级	m^2	按设计图示尺寸以面积计算	G2－132～G2－135
WB040302009	打预制钢筋混凝土方（管）桩	1. 地层情况 2. 送桩深度、桩长 3. 桩截面 4. 沉桩方法 5. 连接方式 6. 混凝土强度等级	m^3	按设计图示截面积乘以桩长（包括桩尖）以实体积计算	G2－367～G2－376
WB040302010	挖墙槽	1. 地层情况 2. 导墙类型、截面 3. 成槽深度	m^3	按设计长度乘以开挖宽度及深度，以体积计算	G2－84、G2－85
WB040302011	墙接头管、清底	接头形式	段	按分段施工的槽壁单元以“段”计算	G2－86～G2－88
WB040302012	地下连续墙钢筋制安	1. 钢筋种类、规格 2. 安装深度	t	按设计图示尺寸，以重量计算	G2－93～G2－95
WB040302013	锚头制安	尺寸规格	套	按设计图示数量计算	G2－120
WB040302014	土钉制安	材料种类、规格	t	按设计图示尺寸，以质量计算	G2－128、G2－129
WB040302015	劲性围护桩桩孔型钢	规格、型号	t	按设计图示尺寸，以质量计算	G2－99
WB040302016	打（拔）拉森式钢板桩	1. 地层情况 2. 桩长 3. 板桩厚度	t	以吨计量，按设计图示尺寸以质量计算	G2－102～G2－105
WB040302017	打（拔）钢板（槽钢或钢轨）桩	1. 地层情况或部位 2. 送桩深度、桩长 3. 规格型号 4. 桩倾斜度 5. 防护材料种类 6. 是否拔出	根	以根计量，按设计图示数量计算	G2－106～G2－113
WB040302018	钢板桩切割、焊接		个	按焊接、切割断面以“个”计算	G2－114、G2－115
WB040302019	型钢桩制作	1. 钢筋种类、规格 2. 钢板厚度	t	按设计图示尺寸，以质量计算	G2－116
WB040302020	钢支撑	1. 部位 2. 钢材品种、规格 3. 探伤要求	t	按设计图示尺寸，以质量计算	G2－137～G2－140

续表

项目编码	项目名称	项目特征	计量单位	工程量计算规则	定额指引
WB040302021	劲性围护桩	1. 地层情况 2. 桩长 3. 桩径 4. 混凝土（水泥）强度等级	10m³	按设计图示尺寸，以体积计算	G2—96～G2—98
WB040302022	挂钢筋网	钢筋种类、规格	t	按设计图示尺寸，以质量计算	G2—136

C.3　现浇混凝土构件（编码：040303）

项目编码	项目名称	项目特征	计量单位	工程量计算规则	定额指引
040303001	混凝土垫层	混凝土强度等级	m³	按设计图示尺寸以实体体积计算	S3—1—2
040303002	混凝土基础	1. 混凝土强度等级 2. 嵌料（毛石）比例			S3—1—3、S3—1—4
040303003	混凝土承台	混凝土强度等级			S3—1—6
040303004	混凝土墩（台）帽	1. 部位 2. 混凝土强度等级			S3—1—19、S3—1—21
040303005	混凝土墩（台）身				S3—1—9、S3—1—11、S3—1—13、S3—1—15、S3—1—17
040303006	混凝土支撑梁及横梁				S3—1—23、S3—1—25
040303007	混凝土墩（台）盖梁				S3—1—27、S3—1—29
040303008	混凝土拱桥拱座	混凝土强度等级			S3—1—33
040303009	混凝土拱桥拱肋				S3—1—35
040303010	混凝土拱上构件	1. 部位 2. 混凝土强度等级			S3—1—37
040303011	混凝土箱梁				
040303012	混凝土连续板	1. 部位 2. 结构形式 3. 混凝土强度等级			S3—1—67
040303013	混凝土板梁				S3—1—69
040303014	混凝土板拱	1. 部位 2. 混凝土强度等级			S3—1—71

续表

<table>
<tr><th>项目编码</th><th>项目名称</th><th>项目特征</th><th>计量单位</th><th>工程量计算规则</th><th>定额指引</th></tr>
<tr><td>040303015</td><td>混凝土挡土墙墙身</td><td>1. 混凝土强度等级
2. 泄水孔材料品种、规格
3. 滤水层要求
4. 沉降缝要求
5. 钢筋材料品种</td><td>m^3</td><td>按设计图示尺寸以体积计算</td><td>S1—2—21、S1—2—22</td></tr>
<tr><td>040303016</td><td>混凝土挡土墙压顶</td><td>1. 混凝土强度等级
2. 沉降缝要求</td><td>m^3</td><td>按设计图示尺寸以体积计算</td><td>S1—2—26、S1—2—27</td></tr>
<tr><td>040303017</td><td>混凝土楼梯</td><td>1. 结构形式
2. 底板厚度
3. 混凝土强度等级</td><td>m^3</td><td>按设计图示尺寸以体积计算</td><td>S3—1—73、
S3—1—75</td></tr>
<tr><td>040303018</td><td>混凝土防撞护栏</td><td>1. 断面
2. 混凝土强度等级</td><td>m</td><td>按设计图示尺寸以长度计算</td><td>S3—1—77</td></tr>
<tr><td>040303019</td><td>桥面铺装</td><td>1. 混凝土强度等级
2. 厚度
3. 配合比</td><td>m^3</td><td>按设计图示尺寸以立方米计算</td><td>S3—1—85、
S3—1—86</td></tr>
<tr><td>040303020</td><td>混凝土桥头搭板</td><td>混凝土强度等级</td><td rowspan="4">m^3</td><td rowspan="4">按设计图示尺寸以实体积计算</td><td>S3—1—87</td></tr>
<tr><td>040303022</td><td>混凝土桥塔身</td><td rowspan="2">1. 形状
2. 混凝土强度等级</td><td>S3—1—39、S3—1—41、
s3—1—43、s3—1—45</td></tr>
<tr><td>040303023</td><td>混凝土连系梁</td><td>S3—1—47</td></tr>
<tr><td>040303024</td><td>混凝土其他构件</td><td>1. 名称、部位
2. 混凝土强度等级</td><td>S3—1—31、S3—1—59、
S3—1—61、S3—1—79、
S3—1—81、S3—1—83、
S3—1—88</td></tr>
<tr><td>WB040303026</td><td>劲性钢结构</td><td rowspan="2">1. 材料品种、规格
2. 部位
3. 探伤要求
4. 防火要求
5. 补刷油漆品种、色彩、工艺要求</td><td rowspan="2">t</td><td rowspan="2">按设计图示尺寸以质量计算。不扣除挖孔眼的质量，焊条、铆钉、螺栓等不另增加质量</td><td>S3—1—49</td></tr>
<tr><td>WB040303027</td><td>其他钢结构</td><td>S3—1—50～S3—1—58、
S3—1—60</td></tr>
<tr><td>WB040303028</td><td>基础模板</td><td rowspan="2">构件类型</td><td rowspan="3">m^2</td><td rowspan="3">按混凝土与模板接触面的面积计算</td><td>S3—1—5</td></tr>
<tr><td>WB040303029</td><td>承台模板</td><td>S3—1—7、S3—1—8</td></tr>
<tr><td>WB040303030</td><td>墩（台）帽模板</td><td>1. 构件类型
2. 支模高度</td><td>S3—1—20、S3—1—22</td></tr>
</table>

续表

项目编码	项目名称	项目特征	计量单位	工程量计算规则	定额指引
WB040303031	墩（台）身模板	1. 构件类型 2. 支模高度	m^2	按混凝土与模板接触面的面积计算	S3－1－10、S3－1－12、S3－1－14、S3－1－16、S3－1－18
WB040303032	支撑梁及横梁模板				S3－1－24、S3－1－26
WB040303033	墩（台）盖梁模板				S3－1－28、S3－1－30
WB040303034	拱桥拱座模板				S3－1－34
WB040303035	拱桥拱肋模板				S3－1－36
WB040303036	拱上构件模板				S3－1－38
WB040303037	箱梁模板				S3－1－64、S3－1－66
WB040303038	柱模板				S3－1－40、S3－1－42、S3－1－44、S3－1－46
WB040303039	梁模板	1. 构件类型 2. 支模高度	m^2	按混凝土与模板接触面的面积计算	S3－1－48
WB040303040	板模板				S3－1－68
WB040303041	板梁模板				S3－1－70
WB040303042	板拱模板				S3－1－72
WB040303043	防撞护栏模板	构件类型	m^2	按混凝土与模板接触面的面积计算	S3－1－78
WB040303044	楼梯模板				S3－1－74、S3－1－76
WB040303045	小型构件模板				S3－1－80、S3－1－82、S3－1－84
WB040303046	其他现浇构件模板				S3－1－48、S3－1－62、S3－1－32
WB040303047	碎石垫层	1. 材料规格 2. 厚度	m^3	按设计图示尺寸以体积计算	S3－1－1
WB040303048	现浇构件钢筋	1. 钢筋类型 2. 钢筋规格	t	按设计图示尺寸以质量计算	S3－3－8、S3－3－9
WB040303049	预制构件钢筋				S3－3－6、S3－3－7
WB040303050	钢筋网片				S3－3－11
WB040303051	钢筋笼				S3－3－10
WB040303052	先张法预应力钢筋（钢丝、钢绞线）	1. 部位 2. 预应力筋种类 3. 预应力筋规格			S3－3－12～S3－3－14
WB040303053	后张法预应力钢筋（钢丝束、钢绞线）	1. 部位 2. 预应力筋种类 3. 预应力筋规格 4. 锚具种类、规格			S3－3－15～S3－3－32

续表

项目编码	项目名称	项目特征	计量单位	工程量计算规则	定额指引
WB040303054	预埋铁件	1. 材料种类 2. 材料规格	t	按设计图示尺寸以质量计算	S3－3－1
WB040303055	T型梁连接板	1. 钢筋类型 2. 钢筋规格			S3－3－2
WB040303056	拉杆				S3－3－3～S3－3－5
WB040303057	安装压浆管道	压浆管道材质、规格	m	按设计图示尺寸以长度计算	S3－3－33～S3－3－35
WB040303058	压浆	砂浆强度等级	m^3	按设计图示尺寸以体积计算	S3－3－36
WB040303059	先张法预应力钢筋张拉、冷拉台座	台座规格	座	按施工方案确定数量	S3－3－37～S3－3－39

C.4 预制混凝土构件（编码：040304）

项目编码	项目名称	项目特征	计量单位	工程量计算规则	定额指引
040304001	预制混凝土梁	1. 部位 2. 图集、图纸名称 3. 构件代号、名称 4. 混凝土强度等级 5. 砂浆强度等级	m^3	按设计图示尺寸扣除空心体积，以实体积计算	S3－2－15、S3－2－17、S3－2－19、S3－2－21、S3－2－23、S3－2－25、S3－2－27、S3－2－29
040304002	预制混凝土柱				S3－2－5、S3－2－7
040304003	预制混凝土板				S3－2－9、S3－2－11、S3－2－13
040304005	预制混凝土其他构件				S3－2－31、S3－2－33、S3－2－35、S3－2－37、S3－2－39、S3－2－41、S3－2－43
WB040304006	预制桩				S3－2－1、S3－2－3
WB040304007	预制混凝土模板	1. 构件类型 2. 支模高度	m^2	按混凝土与模板接触面的面积计算	S3－2－2、S3－2－4、S3－2－6、S3－2－8、S3－2－10、S3－2－12、S3－2－14、S3－2－16、S3－2－18、S3－2－20、S3－2－22、S3－2－24、S3－2－26、S3－2－28、S3－2－30、S3－2－32、S3－2－34、S3－2－36、S3－2－38、S3－2－40、S3－2－42、S3－2－44

续表

项目编码	项目名称	项目特征	计量单位	工程量计算规则	定额指引
WB040304008	构件运输	1. 构件类型 2. 运距	m^3	按设计图示尺寸扣除空心体积，以实体积计算	S3－2－45～S3－2－91
WB040304009	构件安装	1. 构件类型 2. 安装方式	m^3	按设计图示尺寸扣除空心体积，以实体积计算	S3－2－92～S3－2－156
WB0403040010	构件连接	1. 构件类型 2. 连接方式	m^3	按设计图示尺寸扣除空心体积，以实体积计算	S3－2－157、S3－2－158、S3－2－160、S3－2－162、S3－2－164
WB0403040011	构件连接模板	1. 构件类型 2. 支模高度	m^2	按混凝土与模板接触面的面积计算	S3－2－159、S3－2－161、S3－2－163、S3－2－165
WB0403040012	板梁底砂浆勾缝	1. 构件类型 2. 砂浆标号 3. 勾缝材料	m	按设计图示尺寸以缝长度计算	S3－2－166、S3－2－167

C.5 砌筑（编码：040305）

项目编码	项目名称	项目特征	计量单位	工程量计算规则	定额指引
040305002	干砌块料	1. 部位 2. 材料品种规格	m^3	按设计图示尺寸以体积计算	S3－4－1～S3－4－7
040305003	浆砌块料				S3－4－8～S3－4－34
040305004	砖砌体	1. 部位 2. 材料品种规格 3. 砂浆强度等级			S3－4－35～S3－4－40
WB040305006	砖砌拱圈底膜	1. 构件类型 2. 支模高度	m^2	按砖砌体与模板接触面的面积计算	S3－4－41
WB040305007	抛石	1. 材料品种、规格 2. 施工方式	m^3	按设计图示尺寸以体积计算	S3－4－42、S3－4－43
WB040305008	拱上填料	1. 材料品种、规格 2. 密实度			S3－4－44
WB040305009	台背排水	材料品种、规格			S3－4－45

C.6 立交箱涵（编码：040306）

项目编码	项目名称	项目特征	计量单位	工程量计算规则	定额指引
040306001	透水管	1. 材料品种、规格 2. 管道基础形式	m	按设计图示尺寸以长度计算	S3－5－1～S3－5－6

续表

项目编码	项目名称	项目特征	计量单位	工程量计算规则	定额指引
040306002	滑板	1. 混凝土强度等级 2. 石蜡层要求 3. 塑料薄膜品种规格	m^3	按设计图示尺寸以体积计算	S3－5－7
040306003	箱涵底板	1. 混凝土强度等级 2. 混凝土抗渗要求 3. 防水层工艺要求			S3－5－8
040306004	箱涵侧墙				S3－5－10
040306005	箱涵顶板				S3－5－12
040306006	箱涵顶进	1. 断面 2. 长度	kt·m	按设计图拆除以被顶箱涵的质量，乘以箱涵的位移距离分节累计计算	S3－5－20～S3－5－28
040306007	箱涵接缝	1. 材质 2. 工艺要求	m	按设计图示止水带长度计算	S3－5－32～S3－5－36
WB040306008	箱涵滑（底）板模板	1. 构件类型 2. 支模高度	m^2	按混凝土与模板接触面的面积计算	S3－5－9
WB040306009	箱涵侧墙模板				S3－5－11
WB040306010	箱涵顶板模板				S3－5－13
WB040306011	箱涵外壁及滑板面处理	1. 材料品种、规格 2. 工艺要求	m^2	按设计图示尺寸以面积计算	S3－5－14～S3－5－17
WB040306012	气垫安装、拆除	1. 安装 2. 拆除			S3－5－18
WB040306013	气垫使用	1. 使用天数 2. 使用面积	$100m^2 \cdot d$	1. 使用按施工方案以天计算 2. 使用面积按设计图示尺寸以面积计算	S3－5－19
WB040306014	箱涵内挖土	1. 土方类别 2. 运输方式	m^3	按设计图示尺寸以体积计算	S3－5－29～S3－5－31
WB040306015	箱涵顶柱制作	1. 材料种类 2. 材料规格	t	按设计图示尺寸以质量计算	S3－5－37
WB040306016	中继间护套制作				S3－5－38
WB040306017	挖土支架制作				S3－5－39

C.7 钢结构（编码：040307）

项目编码	项目名称	项目特征	计量单位	工程量计算规则	定额指引
040307001	钢箱梁安装	1. 材料品种、规格 2. 部位	t	按设计图示尺寸以质量计算。不扣除挖孔眼的质量，焊条、铆钉、螺栓等不另增加质量	S3－6－60～S3－6－67
040307002	钢板梁安装				S3－6－76、S3－6－77
040307003	钢桁梁安装				S3－6－1～S3－6－4
040307004	钢拱安装				S3－6－69
040307005	劲性钢结构				S3－6－15、S3－6－16、S3－6－19
040307007	其他钢构件				S3－6－78、S3－6－75
040307008	悬（斜拉）索	1. 材料品种、规格 2. 直径 3. 抗拉强度 4. 防护方式		按设计图示尺寸以质量计算	S3－6－10～S3－6－13、S3－6－39～S3－6－41、S3－6－46～S3－6－49、S3－6－56～S3－6－58、S3－6－59、S3－6－68
040307009	钢拉杆				S3－6－72～S3－6－74
WB040307010	钢梁纵移、横移	移动方式	1000t·m	按施工方案确定数量	S3－6－5、S3－6－6
WB040307011	钢梁就位	就位方式	孔	按施工方案确定数量	S3－6－7
WB040307012	钢衔梁施工用滑道	滑道形式	m	按施工方案确定数量	S3－6－8、S3－6－9
WB040307013	索吊套筒灌锌	1. 部位 2. 施工方式	个	按设计图示尺寸以个计算	S3－6－14
WB040307014	木桥面板制作及铺设	1. 材料品种、规格 2. 铺设方式	m^3	按设计图示尺寸以体积计算	S3－6－17
WB040307015	桥面混凝土承托板	1. 部位 2. 混凝土强度等级	m^3		S3－6－18
WB040307016	金属栏杆及扶手制作、安装	1. 部位 2. 材料品种、规格	t	按设计图示尺寸以重量计算	S3－6－20、S3－6－21
WB040307017	不锈钢栏杆安装	1. 部位 2. 材料品种、规格	m	按设计图示尺寸以长度计算	S3－6－22
WB040307018	悬索桥主索鞍鞍罩	1. 材料品种、规格 2. 施工方式	个	按设计图示尺寸以个计算	S3－6－31
WB040307019	悬索桥牵引系统	1. 材料品种、规格 2. 跨径长度	m	按设计图示尺寸以延米计算	S3－6－33～S3－6－35
WB040307020	悬索桥猫道系统				S3－6－36～S3－6－38
WB040307021	悬索桥主缆紧缆				S3－6－42～S3－6－45

续表

项目编码	项目名称	项目特征	计量单位	工程量计算规则	定额指引
WB040307022	悬索桥主缆缠丝	1. 材料品种、规格 2. 主缆直径	m	按设计图示尺寸以延米计算	S3－6－50～S3－6－53
WB040307023	悬索桥主缆检修道	1. 材料品种、规格 2. 检修道形状			S3－6－55
WB040307024	减震器安装	1. 材料品种、规格 2. 施工方式	个	按设计图示尺寸以个计算	S3－6－58
WB040307025	钢管拱拱肋混凝土	混凝土强度等级	m^3	按设计图示尺寸以实体体积计算	S3－6－70
WB040307026	悬索桥锚碇锚固系统	1. 材料品种、规格 2. 部位	t	按设计图示尺寸以质量计算。不扣除挖孔眼的质量，焊条、铆钉、螺栓等不另增加质量	S3－6－23～S3－6－25
WB040307026	悬索桥索鞍				S3－6－26～S3－6－30
WB040307027	塔顶平台				S3－6－32
WB040307028	缆套				S3－6－54
WB040307029	金属面油漆	1. 部位 2. 补刷油漆品种、工艺要求	t	按设计图示尺寸以质量计算	S3－6－79～S3－6－82

C.8 其他（编码：040309）

项目编码	项目名称	项目特征	计量单位	工程量计算规则	定额指引
040309004	橡胶支座	1. 材质 2. 规格、型号 3. 形式	个	按设计图示数量计算	S3－7－1、S3－7－2
040309005	钢支座	1. 规格、型号 2. 形式			S3－7－3～S3－7－5
040309006	盆式支座	1. 材质 2. 承载力			S3－7－6～S3－7－20
040309007	桥梁伸缩缝	1. 材料品种 2. 规格、型号 3. 混凝土种类 4. 混凝土强度等级	m	按设计图示尺寸以延米计算	S3－7－22～S3－7－34
040309008	隔声屏障	1. 材料品种 2. 结构形式 3. 油漆品种、工艺要求	m^2	按设计图示尺寸以面积计算	S3－7－47、S3－7－48

续表

项目编码	项目名称	项目特征	计量单位	工程量计算规则	定额指引
040309009	桥面排（泄）水管	1. 材料品种 2. 管径	m	按设计图示尺寸以长度计算	S3－7－35～S3－7－37
040309010	防水层	1. 部位 2. 材料品种、规格 3. 工艺要求	m^2	按设计图示尺寸以面积计算	S3－7－38～S3－7－42
WB040309011	油毡支座	1. 材质 2. 规格、型号 3. 形式			S3－7－21

C.11 临时工程（编码：WB040311）

项目编码	项目名称	项目特征	计量单位	工程量计算规则	定额指引
WB040311001	水上桩基支架、平台	1. 位置 2. 材质 3. 桩类型	m^2	按支架、平台搭设的面积计算	S3－8－6～S3－8－10
WB040311002	桥涵支架	1. 部位 2. 材质 3. 支架类型		按支架搭设的空间体积计算	S3－8－14～S3－8－19
WB040311003	陆上桩基支架、平台			按支架、平台搭设的面积计算	S3－8－1～S3－8－5
WB040311004	搭拆木垛	1. 位置 2. 材质 3. 平台类型	m^3	按支搭拆木垛的体积计算	S3－8－11
WB040311005	拱、板涵盔支架	1. 位置 2. 材质 3. 支架类型		按支架搭设的空间体积计算	S3－8－12、S3－8－13
WB040311006	组装、拆卸万能杆件				S3－8－32
WB040311007	筑、拆胎、地模	1. 位置 2. 材质 3. 类型	m^2	按筑、拆胎、地模的面积计算	S3－8－36～S3－8－39
WB040311008	组装、拆卸船排	1. 位置 2. 船排型号	次	按组装、拆卸船排计算	S3－8－20～S3－8－24
WB040311009	组装、拆卸柴油打桩机	1. 设备名称 2. 规格型号	架次	按使用机械设备数量计算	S3－8－25～S3－8－31

续表

项目编码	项目名称	项目特征	计量单位	工程量计算规则	定额指引
WB040311010	挂篮安装、拆除	1. 设备名称 2. 规格型号	t	按使用机械设备吨位计算	S3－8－33、S3－8－34
WB040311011	挂篮推移		10t·m	按使用机械设备吨位及推移距离计算	S3－8－35
WB040311012	施工电梯安拆		部	按使用机械设备数量计算	S3－8－40～S3－8－42
WB040311013	施工电梯使用		台天	按使用机械设备数量及时间计算	S3－8－43～S3－8－47
WB040311014	施工起重机安拆		部	按使用机械设备数量计算	S3－8－48～S3－8－50
WB040311015	施工起重机使用		台天	按使用机械设备数量及时间计算	S3－8－51～S3－8－59
WB040311016	组装、拆除架桥机		台·次	按使用机械设备数量计算	S3－8－60

附录D　隧道工程

D.1　隧道岩石开挖（编码：040401）

项目编码	项目名称	项目特征	计量单位	工程量计算规则	定额指引
040401001	平洞开挖	1. 岩石类别 2. 开挖断面 3. 爆破要求	m^3	按设计图示结构断面尺寸乘以长度以体积计算	S4－1－1～S4－1－80、S4－1－121～S4－1－144
040401002	斜井开挖				S4－1－81～S4－1－95、S4－1－145～S4－1－149
040401003	竖井开挖				S4－1－96～S4－1－110、S4－1－150～S4－1－154
040401004	地沟开挖	1. 断面尺寸 2. 岩石类别 3. 爆破要求 4. 弃碴运距			S4－1－111～S4－1－120、S4－1－155～S4－1－159
040401005	小导管	1. 类型 2. 材料品种 3. 管径、长度	m	按设计图示尺寸以长度计算	S4－2－79
040401006	管棚				S4－2－74～S4－2－78
040401007	注浆	1. 浆液种类 2. 配合比	m^3	按设计注浆量以体积计算	S4－2－80～S4－2－81
WB040401008	出渣	1. 运输方式 2. 弃渣运距	m^3	按运输体积计算	S4－1－160～S4－1－176
WB040401009	套拱混凝土	1. 部位 2. 厚度 3. 混凝土强度等级	m^3	按设计图示尺寸以体积计算	S4－2－72

D.2　岩石隧道衬砌（编码：040402）

项目编码	项目名称	项目特征	计量单位	工程量计算规则	定额指引
040402001	混凝土仰拱衬砌	1. 拱跨径 2. 部位 3. 厚度 4. 混凝土强度等级	m^3	按设计图示尺寸以体积计算	S4－2－29、S4－2－30
040402002	混凝土顶拱衬砌				S4－2－1～S4－2－3、S4－2－5～S4－2－7、S4－2－9～S4－2－11、S4－2－13～S4－2－15

续表

项目编码	项目名称	项目特征	计量单位	工程量计算规则	定额指引
040402003	混凝土 边墙衬砌	1. 部位 2. 厚度 3. 混凝土强度等级	m^3	按设计图示尺寸以体积计算	S4－2－17～S4－2－19、 S4－2－21、 S4－2－41～S4－2－42
040402004	混凝土 竖井衬砌	1. 厚度 2. 混凝土强度等级			S4－2－34、S4－2－35
040402005	混凝土沟道	1. 断面尺寸 2. 混凝土强度等级			S4－2－52
040402006	拱部喷射 混凝土	1. 结构形式 2. 厚度 3. 混凝土强度等级 4. 掺加材料品种、用量	m^2	按设计图示尺寸以面积计算	S4－2－54～S4－2－57
040402007	边墙喷射 混凝土				S4－2－58～S4－2－61
040402008	拱圈砌筑	1. 断面尺寸 2. 材料品种、规格 3. 砂浆强度等级	m^3	按设计图示尺寸以体积计算	S4－2－46、S4－2－47
040402009	边墙砌筑	1. 厚度 2. 材料品种、规格 3. 砂浆强度等级			S4－2－49～S4－2－51
040402011	洞门砌筑	1. 形状 2. 材料品种、规格 3. 砂浆强度等级			S4－2－44～S4－2－46
040402012	锚杆	1. 直径 2. 长度 3. 锚杆类型 4. 砂浆强度等级	t	按设计图示尺寸以质量计算	S4－2－62～S4－2－65
040402013	充填压浆	1. 部位 2. 浆液成分强度	m^3	按设计图示尺寸以体积计算	S4－2－82、S4－2－83
040402014	仰拱填充	1. 填充材料 2. 规格 3. 强度等级		按设计图示回填尺寸以体积计算	S4－2－32、S4－2－33
040402019	柔性防水层	1. 材料品种 2. 厚度	m^2	按设计图示尺寸以面积计算	S4－2－84、S4－6－24
WB040402020	台车混凝土 衬砌	1. 部位 2. 厚度 3. 混凝土强度等级	m^3	按设计图示尺寸以体积计算	S4－2－23
WB040402021	台车使用	1. 制作 2. 安装 3. 拆除 4. 移动	t/次	按图示尺寸和施工组织设计计算	S4－2－25、S4－2－28

续表

项目编码	项目名称	项目特征	计量单位	工程量计算规则	定额指引
WB040402022	混凝土斜井衬砌	1. 厚度 2. 混凝土强度等级	m^3	按设计图示尺寸以体积计算	S4—2—38、S4—2—39
WB040402023	钢支撑	1. 制作 2. 安装 3. 拆除	t	按设计图示尺寸以质量计算	S4—2—66～S4—2—71
WB040402024	刚性防水层	1. 材料品种 2. 规格	m^3	按设计图示尺寸以体积计算	S4—2—85
WB040402025	止水带（条胶）	1. 材料品种 2. 规格	m	按设计图示尺寸以长度计算	S4—2—86～S4—2—88
WB040402026	排水管沟	1. 结构形式 2. 材质	m/支	按设计图示尺寸以长度或“支”计算	S4—2—89～S4—2—95
WB040402027	衬砌模版	1. 材质 2. 使用部位	m^2	按混凝土与模板接触面的面积计算	S4—2—4、S4—2—8、S4—2—12、S4—2—16、S4—2—20、S4—2—22、S4—2—24、S4—2—31、S4—2—37、S4—2—40、S4—2—43、S4—2—72

D.3 盾构掘进（编码：040403）

项目编码	项目名称	项目特征	计量单位	工程量计算规则	定额指引
040403001	盾构吊装及吊拆	1. 直径 2. 规格型号 3. 始发方式	台·次	按设计图示数量计算	S4—4—1～S4—4—14
040403002	盾构掘进	1. 直径 2. 规格 3. 形式 4. 掘进施工段类别 5. 密封舱材料品种 6. 弃土（浆）运距	m	按设计图示掘进长度计算	S4—4—15～S4—4—42
040403003	衬砌壁后压浆	1. 浆液品种 2. 配合比	m^3	按管片外径和盾构壳体外径所形成的充填体积计算	S4—4—43～S4—4—50
040403004	预制钢筋混凝土管片	1. 直径 2. 厚度 3. 宽度 4. 混凝土强度等级	m^3	按设计图示尺寸以体积计算	S4—4—51～S4—4—69

续表

项目编码	项目名称	项目特征	计量单位	工程量计算规则	定额指引
040403005	管片设置密封条	1. 管片直径、宽度、厚度 2. 密封条材料 3. 密封条规格	环	按设计图示数量计算	S4－4－73～S4－4－84
040403006	隧道洞口柔性接缝环	1. 材料 2. 规格 3. 部位 4. 混凝土强度等级	m	按设计图示以隧道管片外径周长计算	S4－4－86、S4－4－87、S4－4－90、S4－4－91
040403007	管片嵌缝	1. 直径 2. 材料 3. 规格	环	按设计图示数量计算	S4－4－93～S4－4－104
040403010	盾构基座	1. 材质 2. 规格 3. 部位	t	按设计图示尺寸以质量计算	S4－4－115
WB040403011	安拆钢（防水）环板柔性接缝环	1. 材料 2. 规格 3. 部位 4. 混凝土强度等级	t	按设计图示尺寸以质量计算	S4－4－85、S4－4－89
WB040403012	洞口环管片拆除	1. 规格 2. 部位	m^3	按设计图示尺寸以体积计算	S4－4－88
WB040403013	混凝土环圈	1. 材料 2. 规格 3. 部位 4. 混凝土强度等级	m^3	按设计图示尺寸以体积计算	S4－4－92
WB040403014	负环管片拆除	1. 规格 2. 部位	m	按设计图示尺寸以长度计算	S4－4－105～S4－4－110
WB040403015	管线路拆除	规格	m	按设计图示尺寸以长度计算	S4－4－111～S4－4－114
WB040403016	金属构件	1. 规格 2. 用途 3. 尺寸	t	按设计图示尺寸以质量计算	S4－4－116～S4－4－130

D.4 管节顶升、旁通道（编码：040404）

项目编码	项目名称	项目特征	计量单位	工程量计算规则	定额指引
040404001	钢筋混凝土顶升管节	1. 材质 2. 混凝土强度等级	m^3	按设计图示尺寸以体积计算	S4－5－1、S4－5－2
040404002	垂直顶升设备安装、拆除	规格、型号	套	按设计图示数量计算	S4－5－4～S4－5－7
040404003	管节垂直顶升	1. 断面 2. 强度 3. 材质	m	按设计图示以顶升长度计算	S4－5－8～S4－5－10
040404004	安装止水框、连续梁、车架	材质	t	按设计图示尺寸以质量计算	S4－5－11～S4－5－14
040404005	阴极保护装置	1. 型号 2. 规格	个	按设计图示数量计算	S4－5－15～S4－5－18、S4－5－20、S4－5－21
040404012	钢管片	1. 材质 2. 探伤要求	t	按设计图示以质量计算	S4－4－70～S4－4－72
040404013	电缆安装	1. 规格 2. 型号	m	按设计图示以长度计算	S4－5－19
040404014	滩地接顶盖	1. 规格 2. 尺寸	个	按设计图示数量计算	S4－5－23
040404015	管节试拼装	1. 规格 2. 型号 3. 材质	节	按设计图示数量计算	S4－5－3
040404016	顶升管节钢壳	1. 规格 2. 型号 3. 位置	t	按设计图示以质量计算	S4－5－24～S4－5－26

D.5 隧道沉井（编码：040405）

项目编码	项目名称	项目特征	计量单位	工程量计算规则	定额指引
040405001	沉井井壁混凝土	1. 形状 2. 规格 3. 混凝土强度等级	m^3	按设计尺寸以外围井筒混凝土体积计算	S4－6－7
040405002	沉井下沉	1. 下沉深度 2. 弃土运距 3. 下沉方式		按设计图示以外围面积乘以下沉深度以体积计算	S4－6－12～S4－6－22

续表

项目编码	项目名称	项目特征	计量单位	工程量计算规则	定额指引
040405003	沉井混凝土封底	混凝土强度等级	m^3	按设计图示尺寸以体积计算	S4－6－25、S4－6－26
040405004	沉井混凝土底板	混凝土强度等级			S4－6－9
040405005	沉井填心	材料品种			S4－6－27～S4－6－31
040405006	沉井混凝土隔墙	混凝土强度等级			S4－6－7
040405007	钢封门	1. 材质 2. 尺寸	t	按设计图示尺寸以质量计算	S4－6－32～S4－6－37
WB040405008	沉井垫层	1. 材质 2. 厚度	m^3	按设计图示尺寸以体积计算	S4－6－1、S4－6－2
WB040405009	沉井刃脚混凝土	1. 形状 2. 规格 3. 混凝土强度等级	m^3	按刃脚中心线长度乘以垫脚断面积以体积计算	S4－6－3
WB040405010	沉井框架混凝土	混凝土强度等级	m^3	按设计图示尺寸以体积计算	S4－6－5
WB040405011	砖封顶预留孔洞	1. 尺寸 2. 砂浆强度等级	m^3	按设计图示尺寸以体积计算	S4－6－11
WB040405012	触变泥浆制作、输送	1. 制作 2. 输送	m^3	按设计图示尺寸以体积计算	S4－6－23
WB040405013	沉井模版	1. 材质 2. 使用部位	m^2	按混凝土与模板接触面的面积计算	S4－6－4、S4－6－6、S4－6－8、S4－6－10

D. 6　混凝土结构（编码：040406）

项目编码	项目名称	项目特征	计量单位	工程量计算规则	定额指引
040406001	混凝土地梁	1. 厚度 2. 形状 2. 混凝土强度等级	m^3	按设计图纸尺寸以体积计算	S4－7－7
040406002	混凝土底板				S4－7－9～S4－7－10
040406003	混凝土柱				S4－7－17
040406004	混凝土墙				S4－7－12、S4－7－13、S4－7－15
040406005	混凝土梁				S4－7－19、S4－7－20
040406006	混凝土平台、顶板				S4－7－22～S4－7－24

续表

项目编码	项目名称	项目特征	计量单位	工程量计算规则	定额指引
040406008	隧道内其他结构混凝土	1. 部位、名称 2. 混凝土强度等级	m^3	按设计图纸尺寸以体积计算	S4—7—26、S4—7—28、S4—7—30、S4—7—32、S4—7—34、S4—7—36、S4—7—38、S4—7—39
WB040406009	基坑垫层	1. 材质 2. 厚度	m^3	按设计图纸尺寸以体积计算	S4—7—1、S4—7—2
WB040406010	水泥护坡	1. 材质 2. 厚度	m^2	按设计图纸尺寸以面积计算	S4—7—3～S4—7—6
WB040406011	槽型板安装	1. 尺寸 2. 厚度	m^2	按设计图纸尺寸以面积计算	S4—7—37
WB040406012	其他结构混凝土模版	1. 材质 2. 使用部位	m^2	按混凝土与模板接触面的面积计算	S4—7—8、S4—7—11、S4—7—14、S4—7—16、S4—7—18、S4—7—21、S4—7—25、S4—7—27、S4—7—29、S4—7—31、S4—7—33、S4—7—35

L.5 洞内临时工程（编码：041105）

项目编码	项目名称	项目特征	计量单位	工程量计算规则	定额指引
041105001	洞内通风设施	1. 单孔隧道长度 2. 隧道断面尺寸 3. 使用时间 4. 设备要求	m	按设计图示尺隧道长度以延长米计算计算	S4—3—1～S4—3—8
041105005	轨道铺、拆年摊销	1. 单孔隧道长度 2. 隧道断面尺寸 3. 使用时间 4. 轨道要求	m	按设计图示尺轨道铺设长度以延长米计算	S4—3—45～S4—3—50
WB041105006	通风筒安拆年摊销	1. 单孔隧道长度 2. 隧道断面尺寸 3. 使用时间 4. 设备要求	m	按设计图示尺隧道长度以延长米计算计算	S4—3—9～S4—3—20
WB041105007	风、水管道安拆年摊销		m	按设计图示尺隧道长度以延长米计算计算	S4—3—21～S4—3—34
WB041105008	电路架设、拆年摊销		m	按设计图示尺隧道长度以延长米计算计算	S4—3—35～S4—3—44

L.8 处理、监测、监控（编码：041108）

项目编码	项目名称	项目特征	计量单位	工程量计算规则	定额指引
WB041108003	地表监测孔	1. 位置 2. 监测项目 3. 监测数据	孔	按设计要求以孔计算	S4－4－131～S4－4－143
WB041108004	地下监测孔	1. 规范要求 2. 检测项目内容 3. 布设位置	见定额	按具体监测项目要求计算	S4－4－144～S4－4－161
WB041108005	裂缝监控孔	1. 规范要求 2. 检测项目内容 3. 布设位置	个	按设计要求以个计算	S4－4－162、S4－4－163
WB041108006	监控测试	1. 规范要求 2. 检测项目内容 3. 布设位置	组	按设计要求以组计算	S4－4－164～S4－4－169

附录E　管网工程

E.1　管道铺设（编码：040501）

项目编码	项目名称	项目特征	计量单位	工程量计算规则	定额指引
040501001	混凝土管道铺设（人机配合下管）	1. 管道类型、管道材质 2. 连接方式 3. 管径	m	按设计图示中心线长度扣除井所占长度以延长米计算	S5－2－43～S5－2－91
040501004	塑料管铺设	1. 管道材质 2. 连接方式 3. 管径		按设计图示中心线长度以延长米计算，不扣除附属构筑物、管件及阀门等所占长度	S5－2－1～S5－2－42
040501008	水平定向钻进敷设管道（导向孔）	1. 土壤类别 2. 材质及规格 3. 一次成孔长度 4. 泥浆要求	m	按井中到井中之间的距离计算	S5－5－152
040501012	混凝土管顶进	1. 土壤类别 2. 深度 3. 顶进工作方式 4. 管道材质及规格	10m	按实际顶进长度，以延长米计算	S5－5－1～S5－5－11
040501020	警示（示踪）带铺设	规格	m	按铺设长度以延长米计算	S5－2－198
WB040501021	管道垫层	1. 垫层材质及厚度 2. 商品混凝土强度等级	m^3	按设计图示尺寸以体积计算	S5－1－1～S5－1－10
WB040501022	定型混凝土管道基础	1. 商品混凝土等级 2. 基础角度、使用图集 3. 管径	m	按设计图示中心线长度扣除井所占长度以延长米计算	S5－1－11～S5－1－58
WB040501023	非定型混凝土管道基础	1. 基础材质及厚度 2. 商品混凝土强度等级	m^3	按设计图示尺寸以体积计算	S5－1－59～S5－1－69

续表

项目编码	项目名称	项目特征	计量单位	工程量计算规则	定额指引
WB040501024	管道基础模板	1. 材质 2. 使用部位	m^2	按设计图示尺寸按混凝土和模版的接触面以平方米计算	S5—1—70～S5—1—72
WB040501025	混凝土管道接口	1. 管道类型、管道材质 2. 连接方式、角度 3. 管径	1个口	以实际接口的个数计算	S5—2—92～S5—2—152
WB040501026	变形缝	管径	1个口	以实际变形缝的个数计算	S5—2—153～S5—2—165
WB040501027	管道闭水试验	管径	m	按设计图示中心线长度以延长米计算，不扣除管件及阀门等所占长度	S5—2—166～S5—2—180
WB040501028	管道消毒冲洗	管径	m	按设计图示中心线长度以延长米计算，不扣除管件及阀门等所占长度	S5—2—181～S5—2—197
WB040501029	水平定向钻进敷设管道（扩孔）	1. 土壤类别 2. 材质及规格 3. 一次成孔长度 4. 泥浆要求	10m	按井中到井中之间的距离计算	S5—5—153～S5—5—159
WB040501030	水平定向钻进敷设管道（回拖布管）	1. 土壤类别 2. 材质及规格 3. 一次成孔长度 4. 接口方式 5. 泥浆要求 6. 管道检验及试验要求 7. 集中防腐运距	10m	按钻导向孔长度加1.5m计算	S5—5—160～S5—5—166
WB040501031	方（拱）涵顶进	1. 土壤类别 2. 深度 3. 顶进工作方式 4. 方（拱）涵材质及规格	10m	按实际顶进长度，以延长米计算	S5—5—12、S5—5—13
WB040501032	混凝土管顶管接口	1. 接口形式 2. 接口材料 3. 管道材质及规格	10个口	以接口个数计算	S5—5—14～S5—5—42
WB040501033	顶管接口外套环	1. 接口材料 2. 管道材质及规格	10个口	以接口个数计算	S5—5—43～S5—5—52
WB040501034	顶管接口内套环	1. 接口形式 2. 接口材料 3. 管道材质及规格	10个口	以接口个数计算	S5—5—53～S5—5—72

续表

<table>
<tr><th>项目编码</th><th>项目名称</th><th>项目特征</th><th>计量单位</th><th>工程量计算规则</th><th>定额指引</th></tr>
<tr><td>WB040501035</td><td>方（拱）涵顶进接口</td><td>材料</td><td>$10m^2$</td><td>以面积计算</td><td>S5－5－73</td></tr>
<tr><td>WB040501036</td><td>钢管顶进</td><td>1. 土壤类别
2. 深度
3. 顶进工作方式
4. 管道材质及规格</td><td>m</td><td rowspan="3">按实际顶进长度，以延长米计算</td><td>S5－5－74～S5－5－84</td></tr>
<tr><td>WB040501037</td><td>钢管挤压顶进</td><td>1. 土壤类别
2. 深度
3. 顶进工作方式
4. 管道材质及规格</td><td>m</td><td>S5－5－85～S5－5－90</td></tr>
<tr><td>WB040501038</td><td>铸铁管挤压顶进</td><td>1. 土壤类别
2. 深度
3. 顶进工作方式
4. 管道材质及规格</td><td>m</td><td>S5－5－91～S5－5－96</td></tr>
<tr><td>WB040501039</td><td>工作坑支撑设备安拆</td><td rowspan="3">1. 土壤类别
2. 深度
3. 管材规格</td><td rowspan="3">坑</td><td rowspan="3">按实际坑数计算</td><td>S5－5－97～S5－5－104</td></tr>
<tr><td>WB040501040</td><td>接收坑支撑设备安拆</td><td>S5－5－105～S5－5－112</td></tr>
<tr><td>WB040501041</td><td>顶进后座及坑内平台安拆</td><td>S5－5－113～S5－5－115</td></tr>
<tr><td>WB040501042</td><td>钢筋混凝土后座</td><td>1. 混凝土强度等级，是否商品混凝土
2. 管材规格</td><td>m^3</td><td>按实际立方米计算</td><td>S5－5－116</td></tr>
<tr><td>WB040501043</td><td>泥水、切削机械及附属设施安拆</td><td rowspan="3">1. 深度
2. 管材规格</td><td rowspan="2">套</td><td rowspan="2">按实际套数计算</td><td>S5－5－117～S5－5－122</td></tr>
<tr><td>WB040501044</td><td>中继间安拆</td><td>S5－5－123～S5－5－131</td></tr>
<tr><td>WB040501045</td><td>顶进触变泥浆减阻</td><td>m</td><td>按实际顶进距离计算</td><td>S5－5－132～S5－5－140</td></tr>
<tr><td>WB040501046</td><td>压浆孔制作与封孔</td><td></td><td>只</td><td>按实际“只”数计算</td><td>S5－5－141</td></tr>
<tr><td>WB040501047</td><td>封闭式混凝土管顶进（泥水机械）</td><td rowspan="2">1. 土壤类别
2. 深度
3. 顶进工作方式
4. 管道材质及规格</td><td rowspan="2">m</td><td rowspan="2">按实际顶进距离计算</td><td>S5－5－142～S5－5－148</td></tr>
<tr><td>WB040501048</td><td>封闭式混凝土管顶进（切削机械）</td><td>S5－5－149～S5－5－151</td></tr>
</table>

E2　管件、阀门及附件安装（编码：040502）

项目编码	项目名称	项目特征	计量单位	工程量计算规则	定额指引
040502003	塑料管管件	1. 管件类型 2. 材质 3. 管径、壁厚 4. 接口 5. 探测线要求	个	按设计图示数量计算	S5－3－1～S5－3－36
040502004	转换件	1. 材质及规格 2. 接口形式			S5－3－37～S5－3－48

E3　支挡墩（编码：040503）

项目编码	项目名称	项目特征	计量单位	工程量计算规则	定额指引
040503001	管道支墩（挡墩）	混凝土强度等级	m^3	按设计图示尺寸以体积计算	S5－4－627～S5－4－630

E4　管道附属构筑物（编码：040504）

项目编码	项目名称	项目特征	计量单位	工程量计算规则	定额指引
040504001	砌筑检查井	1. 垫层、基础材质及厚度 2. 砌筑材料品种、规格、强度等级 3. 勾缝、抹面要求 4. 砂浆强度等级、配合比 5. 混凝土强度等级 6. 盖板材质、规格 7. 井盖、井圈材质及规格 8. 踏步材质、规格 9. 防渗、防水要求	座	按设计图示数量计算	S5－4－1～S5－4－140、S5－4－362～S5－4－407

续表

项目编码	项目名称	项目特征	计量单位	工程量计算规则	定额指引
040504002	混凝土检查井	1. 垫层、基础材质及厚度 2. 混凝土强度等级 3. 盖板材质、规格 4. 井盖、井圈材质及规格 5. 钢筋制作、安装 6. 踏步材质、规格 7. 防渗、防水要求	座	按设计图示数量计算	S5－4－141～S5－4－247
040504004	砖筑井筒	1. 井筒规格 2. 砌筑材料品种、规格、强度等级 3. 砌筑、勾缝、抹面要求 4. 砂浆强度等级、配合比 5. 踏步材质、规格 6. 防渗、防水要求	座	按设计图示数量计算	S5－4－456、S5－4－457
040504005	预制混凝土井筒	1. 井筒规格 2. 踏步材质、规格			S5－4－458
040504006	砌体出水口	1. 垫层、基础材质及厚度 2. 砌筑材料品种、规格 3. 砌筑、勾缝、抹面要求 4. 砂浆强度等级、配合比	处	按设计图示数量计算	S5－4－474～S5－4－575
040504007	混凝土出水口	1. 垫层、基础材质及厚度 2. 混凝土强度等级			S5－4－576～S5－4－626
040504009	砖砌雨水口	1. 雨水箅子及圈口材质、型号、规格 2. 垫层、基础材质及厚度 3. 混凝土强度等级 4. 砌筑材料品种、规格、强度等级 5. 砂浆强度等级、配合比	座	按设计图示数量计算	S5－4－322～S5－4－341

续表

项目编码	项目名称	项目特征	计量单位	工程量计算规则	定额指引
041101005	井字架	1. 材质及规格 2. 井深	座	按设计图示数量计算	S5－5－638～S5－5－647
WB040504010	混凝土模块式检查井	1. 垫层、基础材质及厚度 2. 混凝土强度等级 3. 砌筑材料品种、规格、强度等级 4. 勾缝、抹面要求 5. 砂浆强度等级、配合比 6. 盖板材质、规格 7. 井盖、井圈材质及规格 8. 钢筋制作、安装 9. 踏步材质、规格 10. 防渗、防水要求	座		S5－4－248～S5－4－299
WB040504011	预制装配式钢筋混凝土检查井				S5－4－300～S5－4－321
WB040504012	预制混凝土装配式雨水口	1. 雨水箅子及圈口材质、型号、规格 2. 垫层、基础材质及厚度 3. 混凝土强度等级 4. 砌筑材料品种、规格、强度等级 5. 砂浆强度等级、配合比 6. 钢筋制作、安装	座		S5－4－342～S5－4－357
WB040504013	非定型钢筋混凝土井箅（平箅）制作	混凝土强度等级	m^3	按设计图示尺寸以体积计算	S5－4－358
WB040504014	雨水井井箅安装		座	按设计图示数量计算	S5－4－359～S5－4－361
WB040504015	非定型井垫层	垫层、基础材质及厚度	m^3	按设计图示尺寸以体积计算	S5－4－408～S5－4－411
WB040504016	非定型井砌筑	砌筑材料品种、规格、强度等级	m^3	按设计图示尺寸以体积计算	S5－4－412～S5－4－419
WB040504017	非定型井勾缝及抹灰	1. 勾缝、抹面要求 2. 砂浆强度等级、配合比	m^2	按设计图示尺寸以面积计算	S5－4－420～S5－4－427

续表

项目编码	项目名称	项目特征	计量单位	工程量计算规则	定额指引
WB040504018	井壁（墙）凿洞	1. 材质 2. 厚度	m^2	按设计图示尺寸以面积计算	S5－4－428～S5－4－431
WB040504019	非定型井钢筋混凝土井盖、井圈制作	混凝土强度等级	m^3	按设计图示尺寸以体积计算	S5－4－432～S5－4－434
WB040504020	非定型井井盖、井箅安装	材质	套	按设计图示数量计算	S5－4－435～S5－4－437
WB040504021	非定型井钢筋混凝土井室盖板预制	混凝土强度等级	m^3	按设计图示尺寸以体积计算	S5－4－438
WB040504022	非定型井井室盖板安装				S5－4－439～S5－4－445
WB040504023	非定型井检查井过梁安装				S5－4－446、S5－4－447
WB040504024	非定型井混凝土管截断	有筋（无筋）	根	以实际管材的根数计算	S5－4－448～S5－4－455
WB040504025	设备基础	混凝土强度等级	m^3	按设计图示尺寸以体积计算	S5－4－459～S5－4－473
WB040501026	大口井内套管安装	1. 材质及规格 2. 接口方式	处	按设计图示数量计算	S5－4－631～S5－4－633
WB040501027	辐射井管安装		m	按设计图示中心线长度以延长米计算	S5－4－634～S5－4－637

附录 F　水处理工程

F.1　水处理构筑物（编码：040601）

<table>
<tr><th>项目编码</th><th>项目名称</th><th>项目特征</th><th>计量单位</th><th>工程量计算规则</th><th>定额编号</th></tr>
<tr><td>040601001</td><td>现浇混凝土沉井井壁及隔墙</td><td>1. 混凝土强度等级
2. 使用商品混凝土
3. 防水、抗渗要求
4. 断面尺寸</td><td>m^3</td><td>1. 沉井垫木按设计图示尺寸以延长米算，计量单位以米计算
2. 其他按设计图示尺寸以体积计算</td><td>S5－6－12～S5－6－14、S5－6－16～S5－6－18</td></tr>
<tr><td>040601002</td><td>沉井下沉</td><td>1. 土壤类别
2. 断面尺寸
3. 下沉速度
4. 减阻材料种类</td><td>m^3</td><td>按自然面标高至设计垫层底标高间的高度乘以沉井外壁最大断面面积以体积计算</td><td>S5－6－20～S5－6－29</td></tr>
<tr><td>040601003</td><td>沉井混凝土底板</td><td>1. 混凝土强度等级
2. 使用商品混凝土
3. 防水、抗渗要求</td><td>m^3</td><td>按设计图示尺寸以体积计算</td><td>S5－6－30～S5－6－31</td></tr>
<tr><td>040601004</td><td>沉井内地下混凝土结构</td><td>1. 部位
2. 混凝土强度等级
3. 使用商品混凝土
4. 防水、抗渗要求</td><td>m^3</td><td>按设计图示尺寸以体积计算</td><td>S5－6－33、S5－6－35、S5－6－37、S5－6－39</td></tr>
<tr><td>040601005</td><td>沉井混凝土顶板</td><td>1. 混凝土强度等级
2. 使用商品混凝土
3. 防水、抗渗要求</td><td>m^3</td><td>按设计图示尺寸以体积计算</td><td>S5－6－41</td></tr>
<tr><td>040601006</td><td>现浇混凝土池底</td><td>1. 混凝土强度等级
2. 使用商品混凝土
3. 防水、抗渗要求</td><td>m^3</td><td>按设计图示尺寸以体积计算</td><td>S5－6－48、S5－6－49、S5－6－52、S5－6－53、S5－6－55、S5－6－56、S5－6－58～S5－6－61</td></tr>
<tr><td>040601007</td><td>现浇混凝土池壁（隔墙）</td><td>1. 混凝土强度等级
2. 使用商品混凝土
3. 防水、抗渗要求</td><td>m^3</td><td>按设计图示尺寸以体积计算</td><td>S5－6－62～S5－6－70</td></tr>
<tr><td>040601008</td><td>现浇混凝土池柱</td><td rowspan="2">1. 混凝土强度等级
2. 使用商品混凝土
3. 防水、抗渗要求</td><td rowspan="2">m^3</td><td>按设计图示尺寸以体积计算</td><td>S5－6－76～S5－6－78</td></tr>
<tr><td>040601009</td><td>现浇混凝土池梁</td><td>按设计图示尺寸以体积计算</td><td>S5－6－86～S5－6－89</td></tr>
</table>

续表

项目编码	项目名称	项目特征	计量单位	工程量计算规则	定额编号
040601010	现浇混凝土池盖板	1. 混凝土强度等级 2. 使用商品混凝土 3. 防水、抗渗要求	m^3	按设计图示尺寸以体积计算	S5－6－96～S5－6－99
040601011	现浇混凝土板	1. 名称、规格 2. 混凝土强度等级 3. 使用商品混凝土 4. 防水、抗渗要求	m^3	按设计图示尺寸以体积计算	S5－6－105～S5－6－110
040601012	池槽	1. 混凝土强度等级 2. 使用商品混凝土 3. 防水、抗渗要求 4. 池槽断面尺寸	m^3	按设计图示尺寸以长度计算	S5－6－118～S5－6－128
040601013	砌筑导流壁、筒	1. 砌体材料、规格 2. 断面尺寸 3. 砌筑、勾缝、抹面砂浆强度等级	m^3	按设计图示尺寸以体积计算	S5－6－134～S5－6－136、S5－6－139、S5－6－142
040601014	混凝土导流壁、筒	1. 混凝土强度等级 2. 使用商品混凝土 3. 防水、抗渗要求 4. 断面尺寸	m^3	按设计图示尺寸以体积计算	S5－6－137、S5－6－138、S5－6－140、S5－6－141
040601018	预制混凝土板	1. 图集、图纸名称 2. 构件代号、名称 3. 混凝土强度等级 4. 使用商品混凝土 5. 防水、抗渗要求	m^3	按设计图示尺寸以体积计算	S5－6－148～S5－6－153
040601019	预制混凝土槽		m^3	按设计图示尺寸以体积计算	S5－6－160、S5－6－161
040601020	预制混凝土支墩		m^3	按设计图示尺寸以体积计算	S5－6－164、S5－6－165
040601022	滤板	1. 材质 2. 规格 3. 厚度 4. 部位	m^2	按设计图示尺寸以面积计算	S5－6－174、S5－6－175
040601023	折板		m^2		S5－6－176～S5－6－178
040601025	滤料铺设	1. 滤料品种 2. 滤料规格	m^3	按设计图示尺寸以体积计算	S5－6－183～S5－6－189
040601026	尼龙网板	1. 材料品种 2. 材料规格	m^2	按设计图示尺寸以面积计算	S5－6－190
040601027	刚性防水	1. 工艺要求 2. 材料品种、规格			S5－6－191～S5－6－199
040601028	柔性防水				S5－6－200～S5－6－203

续表

项目编码	项目名称	项目特征	计量单位	工程量计算规则	定额编号
040601029	沉降（施工）缝	1. 材料品种 2. 沉降缝规格 3. 沉降缝部位	m^2	按设计图示尺寸以面积计算	S5—6—204～S5—6—207
040601030	井、池渗漏试验	构筑物名称	m^3	按设计图示储水尺寸以体积计算	S5—6—221～S5—6—224
WB040601031	构筑物钢筋制作	1. 制作工艺 2. 钢筋规格 3. 构件尺寸	t	按设计图示尺寸以重量计算	S5—6—225～S5—6—243
WB040601032	构筑物钢筋运输	1. 运输工具 2. 运距	t	按实际运距及运输重量计算	S5—6—244、S5—6—245
WB040601033	现浇混凝土方沟	1. 混凝土强度等级 2. 结构尺寸	m^3	按设计图示尺寸以体积计算	S5—6—1、S5—6—2
WB040601034	预制混凝土方沟	1. 混凝土强度等级 2. 结构尺寸	m^3	按设计图示尺寸以体积计算	S5—6—4、S5—6—5
WB040601035	砌筑渠道	1. 材质 2. 结构尺寸 3. 砌筑部位 4. 混凝土强度等级	m^3	按设计图示尺寸以体积计算	S5—6—6～S5—6—11
WB040601036	其他现浇混凝土构件	1. 构件名称、规格 2. 混凝土强度等级 3. 混凝土强度等级	m^3	按设计图示尺寸以面积计算	S5—6—144～S5—6—147
WB040601037	预制混凝异形土构件	1. 图集、图纸名称 2. 构件代号、名称 3. 混凝土强度等级 4. 是否商品混凝土 5. 防水、抗渗要求	m^3		S5—6—167～S5—6—170
WB040601038	沉井填心	1. 材料品种、规格 2. 填筑方式	m^3		S5—6—43～S5—6—47
WB040601039	浓缩室壁板	1. 材质 2. 规格 3. 厚度 4. 部位	m^2	按设计图示尺寸以面积计算	S5—6—179、S5—6—181
WB040601040	稳流板	1. 材质 2. 规格 3. 厚度 4. 部位	m	按设计图示尺寸以长度计算	S5—6—180、S5—6—182
WB040601041	嵌缝	1. 材料品种 2. 沉降缝规格 3. 沉降缝部位	m	按设计图示尺寸以长度计算	S5—6—208～S5—6—220

L.2 混凝土模板及支架（编码：041102）

项目编码	项目名称	项目特征	计量单位	工程量计算规则	定额指引
041102028	现浇混凝土沉井井壁及隔墙模板	1. 构件类型 2. 支模高度	m^2	按混凝土与模板接触面的面积计算	S5－6－15、S5－6－19
041102029	沉井混凝土顶板模板	1. 构件类型 2. 支模高度	m^2	按混凝土与模板接触面的面积计算	S5－6－42
041102030	沉井混凝土底板模板	构件类型	m^2	按混凝土与模板接触面的面积计算	S5－6－32
041102034	现浇混凝土池底模板	构件类型	m^2	按混凝土与模板接触面的面积计算	S5－6－50、S5－6－51、S5－6－54、S5－6－57
041102035	现浇混凝土池壁（隔墙）模板	1. 构件类型 2. 支模高度	m^2	按混凝土与模板接触面的面积计算	S5－6－71～S5－6－75
041102036	现浇混凝土池盖板模板	1. 构件类型 2. 支模高度	m^2	按混凝土与模板接触面的面积计算	S5－6－100～S5－6－104
WB041102041	现浇混凝土方沟模板	构件类型	m^2	按混凝土与模板接触面的面积计算	S5－6－3
WB041102042	其他现浇构件模板（沉井内地下混凝土结构）	构件类型	m^2	按混凝土与模板接触面的面积计算	S5－6－34、S5－6－36、S5－6－38、S5－6－40
WB041102043	其他现浇构件类型（现浇混凝土池柱模板）	1. 构件类型 2. 支模高度	m^2	按混凝土与模板接触面的面积计算	S5－6－79～S5－6－85
WB041102044	其他现浇构件模板（现浇混凝土池柱）	1. 构件类型 2. 支模高度	m^2	按混凝土与模板接触面的面积计算	S5－6－90～S5－6－95
WB041102045	其他现浇构件模板（现浇混凝土板）	1. 构件名称 2. 构件类型	m^2	按混凝土与模板接触面的面积计算	S5－6－111～S5－6－117

续表

项目编码	项目名称	项目特征	计量单位	工程量计算规则	定额指引
WB041102046	其他现浇构件模板（池槽混凝土板）	1. 构件名称 2. 构件类型	m^2	按混凝土与模板接触面的面积计算	S5－6－129～S5－6－133
WB041102047	其他现浇构件模板（导流墙、筒）	构件类型			S5－6－143
WB041102048	预制混凝土板模板	构件类型	m^3	按预制混凝土体积计算	S5－6－154～S5－6－159
WB041102049	预制混凝土槽模板				S5－6－162、S5－6－163
WB041102050	预制混凝土支墩模板				S5－6－166
WB041102051	其他预制混凝土构件模板				S5－6－171～S5－6－173

F.2　水处理设备（编码：040602）

项目编码	项目名称	项目特征	计量单位	工程量计算规则	定额编号
040602001	格栅	材质	t	按设计图示尺寸以质量计算	S5－7－1～S5－7－14
040602002	格栅除污机	1. 类型 2. 材质 3. 规格、型号 4. 参数	台	按设计图示数量计算	S5－7－15～S5－7－39
040602003	滤网清污机				S5－7－40～S5－7－44
040602007	刮泥机				S5－7－67～S5－7－89
040602008	吸泥机				S5－7－90～S5－7－107
040602012	曝气机				S5－7－127～S5－7－145
040602013	曝气器	类型	个		S5－7－146～S5－7－151
040602014	布气管	1. 材质 2. 直径	m	按设计图示以长度计算	S5－7－152～S5－7－163
040602016	生物转盘	重量	台	按设计图示数量计算	S5－7－185～S5－7－190
040602017	搅拌机	1. 类型 2. 材质 3. 规格、型号 4. 参数	台		S5－7－191～S5－7－200
040602020	加氯机	形式	套		S5－7－216、S5－7－217

续表

项目编码	项目名称	项目特征	计量单位	工程量计算规则	定额编号
040602022	水射器	公称直径	个	按设计图示数量计算	S5－7－221～S5－7－226
040602023	管式混合器				S5－7－227～S5－7－235
040602025	带式压滤机	1. 类型 2. 材质 3. 规格、型号 4. 参数	台		S5－7－236～S5－7－240
040602026	污泥脱水机				S5－7－241～S5－7－267
040602031	闸门	尺寸	座	按设计图示数量计算	S5－7－300～S5－7－340
040602032	旋转门				S5－7－341、S5－7－342
040602033	堰门				S5－7－343～S5－7－356
040602035	启闭机	1. 类型 2. 材质 3. 规格、型号 4. 参数	台		S5－7－381～S5－7－386
040602036	升杆式铸铁泥阀	公称直径	座		S5－7－387～S5－7－391
040602035	平底盖闸				S5－7－392～S5－7－396
040602038	集水槽	1. 材质 2. 厚度	t	按设计图示尺寸以质量计算	S5－7－397～S5－7－424
040602039	堰板	1. 材料品种 2. 厚度	m^2	按设计图示尺寸以面积计算	S5－7－425～S5－7－436
040602040	斜板	1. 材料品种 2. 厚度			S5－7－437
040602041	斜管	1. 材料品质 2. 规格			S5－7－438
WB040602047	钢网格支架制作安装	1. 材料品质 2. 规格	t	按设计图示尺寸以质量计算	S5－7－439
WB040602048	压榨机	1. 类型 2. 材质 3. 规格、型号 4. 参数	台	按设计图示数量计算	S5－7－45～S5－7－50
WB040602049	刮砂机				S5－7－51～S5－7－57
WB040602050	吸砂机				S5－7－58～S5－7－66
WB040602051	刮吸砂机				S5－7－108～S5－7－113
WB040602052	撇渣机				S5－7－114～S5－7－125
WB040602053	砂（泥）水分离器	1. 类型 2. 材质 3. 规格、型号 4. 参数	台	按设计图示数量计算	S5－7－126
WB040602054	推进器				S5－7－201～S5－7－203

续表

项目编码	项目名称	项目特征	计量单位	工程量计算规则	定额编号
WB040602055	滗水器	1. 型号 2. 堰长	台	按设计图示数量计算	S5—7—164～S5—7—184
WB040602056	加药设备	1. 类型 2. 规格、型号 3. 参数			S5—7—204～S5—7—215
WB040602057	氯吸收装置	1. 类型 2. 材质 3. 规格、型号 4. 参数			S5—7—218～S5—7—220
WB040602058	污泥浓缩机				S5—7—268～S5—7—282
WB040602059	污泥浓缩脱水一体机				S5—7—283～S5—7—288
WB040602060	污泥输送机				S5—7—289～S5—7—298
WB040602061	污泥切割机				S5—7—299
WB040602062	拍门	1. 材质 2. 直径	个	按设计图示数量计算	S5—7—357～S5—7—380
WB040602063	紫外线消毒设备	1. 类型 2. 材质 3. 规格、型号 4. 参数	模块组		S5—7—440、S5—7—441
WB040602064	臭氧消毒设备		台		S5—7—442～S5—7—450
WB040602065	除臭设备				S5—7—451～S5—7—455
WB040602066	膜处理设备	1. 类型 2. 工艺形式 3. 材质结构 4. 单元产水能力	套		S5—7—456～S5—7—458
WB040602067	其他设备	1. 类型 2. 材质 3. 规格、型号 4. 参数	台		S5—7—459～S5—7—473

附录G 生活垃圾处理工程

G.1 垃圾卫生填埋（编码：040701）

项目编码	项目名称	项目特征	计量单位	工程量计算规则	定额指引
040701002	垃圾坝	1. 结构类型 2. 土石种类、密实度 3. 砌筑形式、砂浆强度等级 4. 混凝土强度等级 5. 断面尺寸	m^3	按设计图示尺寸以体积计算	S6－1－6～S6－1－8
040701003	压实黏土防渗层	1. 厚度 2. 压实度 3. 渗透系数	m^2	按设计图示尺寸以面积计算	S6－1－9
040701004	高密度聚乙烯（HDPE）膜	1. 铺设位置 2. 厚度、防渗系数 3. 材料规格、强度、单位重量 4. 连（搭）接方式			S6－1－10～S6－1－12
040701005	钠基膨润土防水毯（GCL）				S6－1－13、S6－1－14
040701006	土工合成材料				S6－1－15～S6－1－22
040701007	防渗膜保护层	1. 厚度 2. 材料品质、规格 3. 铺设位置			S6－1－23～S6－1－25
040701008	帷幕灌浆垂直防渗	1. 地质参数 2. 钻孔孔径、深度、间距 3. 水泥浆配比	m	按设计图示尺寸以长度计算	S6－1－26～S6－1－46
040701009	碎（卵）石导流层	1. 材料品种 2. 材料规格 3. 导流层厚度或断面尺寸	m^3	按设计图示尺寸以体积计算	S6－1－47～S6－1－50
040701010	管道铺设	1. 材质、规格、型号 2. 直径、壁厚 3. 穿孔尺寸、间距 4. 连接方式 5. 铺设位置	m	按设计图示尺寸以长度计算	S6－1－51～S6－1－62

续表

项目编码	项目名称	项目特征	计量单位	工程量计算规则	定额指引
040701011	管道钻孔	1. 材质、规格 2. 直径、壁厚 3. 连接方式 4. 铺设位置	m	按设计图示尺寸以长度计算	S6—1—63～S6—1—68
040701012	盲沟	1. 材质、规格 2. 垫层、粒料规格 3. 断面尺寸 4. 外层包裹材料性能指标			S6—1—69～S6—1—72
040701015	燃烧火炬装置	1. 基座形式、材质、规格、强度等级 2. 燃烧系数类型、参数	套	按设计图示数量计算	S6—1—95、S6—1—96
040701016	监测井	1. 地质参数 2. 钻孔孔径、深度、间距 3. 监测井材料、直径、壁厚、连接方式 4. 滤料材质	口		S6—1—97、S6—1—98
040701020	垃圾压缩设备	1. 类型、材质 2. 规格、型号 3. 参数	套	按设计图示数量计算	S6—1—114～S6—1—121
WB040701021	地表土层清理	清理厚度	m^2	按设计图示尺寸以面积计算	S6—1—1～S6—1—3
WB040701022	基层修整碾压	压实度			S6—1—4、S6—1—5
WB040701023	导气石笼井钻孔	孔深	m^3	按设计图示尺寸以体积计算	S6—1—73、S6—1—74
WB040701024	导气石笼井中心管安装	1. 材质 2. 管径	m	按设计图示尺寸以长度计算	S6—1—75、S6—1—76
WB040701025	导气石笼井井筒安装	反滤层材料	t、m^2	按设计图示以重量、面积计算	S6—1—77～S6—1—79
WB040701026	导气石笼井填充	外层填空材料	m^3	按设计图示尺寸以体积计算	S6—1—80、S6—1—81
WB040701027	调节池浮盖覆膜安装	材料厚度	m^2	按设计图示尺寸以面积计算	S6—1—82、S6—1—83
WB040701028	压重系统安装	1. 材料 2. 连接方式	m	按设计图示尺寸以长度计算	S6—1—84～S6—1—89

续表

项目编码	项目名称	项目特征	计量单位	工程量计算规则	定额指引
WB040701029	浮动系统安装	材料	块	按设计图示以数量计算	S6—1—90、S6—1—91
WB040701030	辅助系统安装	系统类型	个	按设计图示以数量计算	S6—1—92～S6—1—94
WB040701031	垃圾挖运	距离	m^3	按设计图示尺寸以体积计算	S6—1—99～S6—1—102
WB040701032	堆体碾压	压实度	m^2	按设计图示尺寸以面积计算	S6—1—103～S6—1—105
WB040701033	土层铺设	厚度	m^3	按设计图示尺寸以体积计算	S6—1—106
WB040701034	植草	品种	m^2	按设计图示尺寸以面积计算	S6—1—107、S6—1—108
WB040701035	防飞散网立杆安装	规格	t	按设计图示以重量计算	S6—1—113
WB040701036	防飞散网安装	材料性能指标	m^2	按设计图示尺寸以面积计算	S6—1—109～S6—1—112

G.2　垃圾焚烧（编码：040702）

项目编码	项目名称	项目特征	计量单位	工程量计算规则	定额指引
040702002	自动感应洗车装置	1. 类型 2. 规格、型号 3. 参数	套	按设计图示数量计算	S6—2—1
040702003	破碎机		台		S6—2—2～S6—2—8
040702004	垃圾卸料门	1. 尺寸 2. 材质	m^2	按设计图示尺寸以面积计算	S6—2—9～S6—2—12
040702005	垃圾抓斗起重机	1. 规格、型号、精度 2. 跨度、高度 3. 自动称重、控制系统要求	套	按设计图示数量计算	S6—2—16～S6—2—23
WB040702007	车辆感应器安装	类型	套	按设计图示以数量计算	S6—2—13～S6—2—15
WB040702008	焚烧炉进料设备安装	1. 规格 2. 型号	t	按设计图示以重量计算	S6—2—24～S6—2—29
WB040702009	焚烧炉炉排安装	1. 规格 2. 型号	t	按设计图示以重量计算	S6—2—30～S6—2—32
WB040702010	炉排下渣斗安装	1. 规格 2. 型号	t	按设计图示以重量计算	S6—2—33

续表

项目编码	项目名称	项目特征	计量单位	工程量计算规则	定额指引
WB040702011	除渣装置安装	1. 规格 2. 型号	t	按设计图示以重量计算	S6－2－34
WB040702012	液压钻安装	1. 规格 2. 型号	t	按设计图示以重量计算	S6－2－35～S6－2－39
WB040702013	燃烧装置安装	1. 规格 2. 型号	台	按设计图示以数量计算	S6－2－40
WB040702014	清灰装置安装	1. 规格 2. 型号	点	按设计图示以数量计算	S6－2－41、S6－2－42
WB040702015	烟气净化处理设备安装	1. 规格 2. 型号	t	按设计图示以重量计算	S6－2－43、S6－2－44
WB040702016	除臭装置设备安装	1. 规格 2. 型号	t	按设计图示以重量计算	S6－2－45～S6－2－55

附录 L　措施项目

L.1　脚手架工程（编码：041101）

项目编码	项目名称	项目特征	计量单位	工程量计算规则	定额指引
041101003	仓面脚手架	1. 搭设方式 2. 搭设高度	m^2	按仓面水平面积计算	S1－4－21
WB041101006	双/单排脚手架	1. 搭设方式 2. 搭设高度 3. 材质	m^2	按外围周长乘以搭设高度计算	S1－4－15～S1－4－20
WB041101007	金属脚手架及喷射平台	1. 搭设方式 2. 搭设高度	m^2	按外围周长乘以搭设高度计算	S1－4－22、S1－4－23
WB041101008	木挡土板	1. 材料品种 2. 支撑类型 3. 支护深度	m^2	按设计图示长度以面积计算	S1－4－1～S1－4－4
WB041101009	竹挡土板				S1－4－5～S1－4－8
WB041101010	钢制挡土板				S1－4－9～S1－4－12
WB041101011	钢制桩挡土板支撑安拆				S1－4－13、S1－4－14
WB041101012	纤维布施工围栏	1. 材料品种 2. 支撑类型 3. 围栏高度	m	按设计图示长度以长度计算	S1－4－24
WB041101013	玻璃钢施工围栏		m	按设计图示长度以长度及使用时间计算	S1－4－25、S1－4－26
WB041101014	移动式玻璃钢施工护栏		m・d	按设计图示长度以长度计算	S1－4－27
WB041101015	彩钢板施工围栏搭拆		m	按设计图示长度以长度及使用时间计算	S1－4－28
WB041101016	移动式钢护栏		m・d	按设计图示长度及长度及使用时间计算	S1－4－29
WB041101017	沟槽临时钢盖板	1. 材料品种 2. 使用时间	m^2	按设计图示长度以面积及使用时间计算	S1－4－30、S1－4－31

L.3 围堰（编码：041103）

项目编码	项目名称	项目特征	计量单位	工程量计算规则	定额指引
041103001	围堰	1. 围堰类型 2. 围堰顶宽及底宽 3. 围堰高度 4. 填芯材料	1. m^3 2. m	1. 以立方米计量，按设计图示围堰体积计算 2. 以米计量，按设计图示围堰中心长度计算	S1－3－1～S1－3－16
041103002	干砌块料	1. 筑岛类型 2. 筑岛高度 3. 填芯材料		按设计图示筑岛体积计算	S1－3－19～S1－3－24
WB041103003	拉森钢板桩围堰	1. 围堰类型 2. 围堰高度 3. 填芯材料	m	以米计量，按设计图示围堰中心长度计算	S1－3－17、S1－3－18

L.4 便道及便桥（041104）

项目编码	项目名称	项目特征	计量单位	工程量计算规则	定额指引
041104001	施工便道	1. 结构类型 2. 材料种类 3. 宽度	m^2	按设计图示尺寸以面积计算	S1－4－32、S1－4－33
041104002	搭拆便桥	1. 结构类型 2. 材料种类 3. 跨径 4. 宽度	座	按设计图示数量计算	S1－4－34、S1－4－35
041104002	搭拆装配式钢桥	1. 结构类型 2. 材料种类 3. 跨径 4. 宽度 5. 使用时间	1. 10m 2. 10・d	按设计图示尺寸以长度及使用时间计算	S1－4－36～S1－4－43
WB041104016	小型构件运输	1. 构件材料品种 2. 运距 3. 运输方式	m^3	按设计图示尺寸以体积计算	S1－4－44～S1－4－50
WB041104017	混凝土运输	1. 运距 2. 运输方式			S1－4－51～S1－4－56

L.7 施工排水、降水（编码：041107）

项目编码	项目名称	项目特征	计量单位	工程量计算规则	定额指引
WB041107003	施工排水	1. 排水方式 2. 设备型号	m^3	1. 按排水体积以立方米计算 2. 按地质报告说明的地下水位以下的需排水的沟槽、基坑的体积以立方米计算	G1－75、G1－76
WB041107004	降水井降水	井深	座	按设计图示尺寸以座计算	G1－78、G1－79
WB041107005	轻型井点降水安、拆	1. 机械规格型号 2. 降排水管规格	根	50根为一套，累计根数不足一套者按一套计算	G1－80、G1－81
WB041107006	轻型井点降水使用	1. 机械规格型号 2. 降排水管规格	天	“套·天”，一天按24小时计算	G1－82

L11 其他项目（编码：041111）

项目编码	项目名称	项目特征	计量单位	工程量计算规则	定额指引
WB041111001	混凝土垫层	混凝土强度等级	m^3	按设计图示尺寸以体积计算	S1－2－16
WB041111002	现浇构件钢筋	1. 钢筋种类 2. 钢筋规格	t	按设计图示尺寸以质量计算	S1－2－23
WB041111003	垫层	1. 材料品种、规格 2. 厚度	m^3	按设计图示尺寸以体积计算	S1－2－15
WB041111004	干砌块料	1. 材料品种、规格 2. 泄水孔材料品种、规格 3. 滤水层要求 4. 沉降缝要求	m^3	按设计图示尺寸以体积计算	S1－2－17
WB041111005	浆砌块料	1. 材料品种、规格 2. 砂浆强度等级 3. 泄水孔材料品种、规格 4. 滤水层要求 5. 沉降缝要求 6. 部位	m^3	按设计图示尺寸以体积计算	S1－2－18～S1－2－20
WB041111006	砖砌体				S1－2－14

续表

项目编码	项目名称	项目特征	计量单位	工程量计算规则	定额指引
WB041111007	护坡、台阶	1. 材料品种 2. 结构形式 3. 厚度 4. 砂浆强度等级	m^3	按设计图示尺寸以体积计算	S1－2－4～S1－2－13
WB041111008	滤层	1. 材料品种 2. 规格	m^3	按设计图示尺寸以体积计算	S1－2－1～S1－2－3
WB041111009	浆砌块料压顶	1. 材料品种、规格 2. 砂浆强度等级	m^3	按设计图示尺寸以体积计算	S1－2－24、S1－2－25
WB041111010	勾缝、抹面	1. 砂浆强度等级	m^2	按设计图示尺寸以面积计算	S1－2－28～S1－2－35